Meriem Reghima
Najoua Turki Kamoun
Mosbah Amlouk

Películas finas de sulfureto de estanho SnS para aplicações fotovoltaicas

Meriem Reghima
Najoua Turki Kamoun
Mosbah Amlouk

Películas finas de sulfureto de estanho SnS para aplicações fotovoltaicas

ScienciaScripts

Imprint
Any brand names and product names mentioned in this book are subject to trademark, brand or patent protection and are trademarks or registered trademarks of their respective holders. The use of brand names, product names, common names, trade names, product descriptions etc. even without a particular marking in this work is in no way to be construed to mean that such names may be regarded as unrestricted in respect of trademark and brand protection legislation and could thus be used by anyone.

Cover image: www.ingimage.com

This book is a translation from the original published under ISBN 978-3-659-85625-9.

Publisher:
Sciencia Scripts
is a trademark of
Dodo Books Indian Ocean Ltd. and OmniScriptum S.R.L publishing group

120 High Road, East Finchley, London, N2 9ED, United Kingdom
Str. Armeneasca 28/1, office 1, Chisinau MD-2012, Republic of Moldova, Europe
Managing Directors: Ieva Konstantinova, Victoria Ursu
info@omniscriptum.com

Printed at: see last page
ISBN: 978-620-8-57326-3

Índice:

Capítulo 1 4

Capítulo 2 18

Capítulo 3 38

Resumo geral

É realmente um desafio preparar, através de um método químico económico, novos materiais de película fina com boa optoelectrónica para aplicações fotovoltaicas e de grande potencial. Este livro abrange resultados físicos de películas finas de SnS dopadas e não dopadas. Está organizado em três capítulos. O primeiro capítulo começa com uma breve história das células solares e descreve o princípio e a teoria do funcionamento das células solares. Apresenta também as principais propriedades das películas finas de sulfureto de estanho. Além disso, trata da descrição do processo de deposição por banho químico (CBD), bem como das condições experimentais utilizadas para preparar películas finas de SnS, com ênfase específica nas suas caracterizações físicas por meio de difracções de raios X, espetroscopia Raman, observações SEM, bem como medições de corrente termicamente estimulada para uma possível utilização deste composto binário em células solares fotovoltaicas. O Capítulo 2 contém resultados físicos sobre as propriedades estruturais e ópticas de películas finas de SnS dopadas com elementos Fe, Ag e Ga. Para melhorar as propriedades físicas destas películas finas dopadas, os autores forneceram no terceiro capítulo resultados físicos detalhados sobre o efeito do tratamento térmico sob atmosfera de azoto em películas finas de SnS dopadas a várias temperaturas. Além disso, foram efectuadas medições eléctricas em função do tipo de dopagem, para que estes filmes possam ser utilizados como absorventes em células solares.

Introdução geral

Nas últimas duas décadas, os dispositivos baseados em películas finas de sulfuretos têm atraído uma enorme quantidade de investigação, uma vez que os dispositivos fotovoltaicos que utilizam estruturas de película tampão e absorvente dependem largamente das propriedades estruturais, ópticas e eléctricas dessas películas. Este mini-livro aborda a viabilidade do crescimento de compostos de enxofre utilizando técnicas de baixo custo que não envolvem vácuo. Entre estas técnicas, destaca-se a deposição por banho químico, disponível no Laboratório de Física da Matéria Condensada (LPMC) da Faculdade de Ciências de Tunes, onde a maior parte deste trabalho é efectuada em relação ao material binário SnS de sulfureto de estanho. Neste contexto, é necessário controlar o desenvolvimento deste sulfureto semicondutor. Este material binário à base de enxofre é preparado utilizando uma via aquosa conhecida como processo de deposição por banho químico (CBD) para possíveis aplicações fotovoltaicas.

De facto, o SnS é um semicondutor com uma energia de intervalo de banda de cerca de 1,5 eV, próxima do valor teórico ótimo para a conversão de energia solar. Este facto coloca este sulfureto binário como um potencial absorvente em células fotovoltaicas. É sabido que as células fotovoltaicas baseadas em CIGS (Cobre, Índio, Gálio e Enxofre) têm um rendimento solar de cerca de 20%. No entanto, elementos como o índio e o gálio são muito caros e não são abundantes na natureza. Como alternativa para substituir estes elementos, os investigadores investigaram outros materiais, como o sulfureto de zinco e o sulfureto de estanho, que são tóxicos e económicos. A eficiência da célula exigiu 8,4% e 3,6% para, respetivamente, CZTS solar e CZTSe. Ou atingir a estequiometria nestes materiais quaternários é ainda um desafio atual. Assim, o desenvolvimento de compostos binários como o sulfureto de estanho é mais económico: trata-se de um material fabricado. As camadas finas de sulfureto de estanho podem ser preparadas de várias formas e em muitos laboratórios em todo o mundo, existindo uma bibliografia bastante extensa sobre crescimento e propriedades. Os seus constituintes não são tóxicos e são abundantes, o seu coeficiente de absorção é relativamente elevado e a sua condutividade eléctrica é naturalmente do tipo p. Para atingir as propriedades físicas adequadas das películas finas de SnS, foram efectuadas várias condições experimentais. Além disso, foram efectuadas diferentes análises, tais como: XRD, espetroscopia Raman, SEM, EDS, AFM, espetrofotometria e assim por diante.

Este trabalho é apoiado em parte pelo projeto HORIZON da Universidade "Agence de la Francophonie", pelo Ministério do Ensino Superior tunisino através de bolsas de estudo alternadas, e em parte pelos projectos do grupo RADIAC IES "colaboração entre as Universidades de Tunis El-Manar-Tunísia e de Montpellier-França".

O projeto está organizado da seguinte forma: O primeiro capítulo aborda uma revisão geral da bibliografia sobre o material SnS; também resume o desempenho das células solares baseadas neste sulfeto. Uma descrição da técnica de crescimento do CBD, bem como das técnicas caracterizadas, também foi detalhada. O capítulo 2 é dedicado ao estudo do efeito da dopagem do sulfureto de estanho. Apresentamos o efeito da dopagem com ferro, prata e gálio nas propriedades físicas dos filmes finos de SnS. Utilizando os modelos de Spitzer-Fan e Wemple; as constantes ópticas foram calculadas com base no ótimo encontrado para cada dopagem. Ao longo do terceiro capítulo detalhamos o efeito do tratamento térmico que é realizado sob atmosfera de azoto nas propriedades físicas das películas finas de SnS. Este processo de recozimento pode ser interessante para melhorar a condutividade das películas finas de SnS para fins fotovoltaicos.

Capítulo I:

Revisão do composto de enxofre utilizando a técnica de depósito por banho químico

RESUMO

Este capítulo destaca algumas propriedades físicas do material sulfureto de estanho utilizado como absorvente em dispositivos fotovoltaicos. Com efeito, é apresentada uma breve revisão das propriedades estruturais, ópticas e electrónicas da película fina deste material; em seguida, são apresentados alguns métodos técnicos químicos de preparação destes materiais, bem como os fundamentos e as caraterísticas experimentais destes compostos. É dada especial atenção ao efeito da dopagem e do recozimento nas suas propriedades físicas.

I. Introdução:

Entre os compostos de calcogenetos, os compostos de enxofre foram objeto de um estudo aprofundado durante as duas últimas décadas. Atualmente, a comunidade internacional, bem como os industriais, enquanto consumidores conscientes dos preços, devem tratar do controlo do preço do possível produto das células solares fotovoltaicas com base em compostos baratos e não tóxicos. Por esta razão, e do ponto de vista económico e ambiental, a síntese de películas finas à base de enxofre por um processo barato é essencial para consolidar os dispositivos optoelectrónicos.

Este capítulo aborda as principais propriedades físicas dos compostos de enxofre, mostrando a possibilidade de utilização destas películas na conversão solar, bem como em dispositivos optoelectrónicos e sensíveis. Em primeiro lugar, é apresentado um breve relatório sobre a técnica de crescimento denominada deposição por banho químico. Em segundo lugar, foram obtidas películas finas de sulfureto de estanho (II) e optimizadas as condições experimentais no banho químico. Finalmente, são apresentadas algumas técnicas de caraterização física.

II. Compostos de enxofre:

Entre os elementos calcogenetos, o enxofre parece ser o elemento mais adequado devido às suas numerosas propriedades físicas e químicas:

- O enxofre é um elemento abundante na natureza e relativamente barato.
- Os materiais de enxofre apresentam uma estabilidade química e térmica relativamente elevada.
- Por razões ecológicas, é preferível trabalhar com sulfuretos do que com outros elementos VI, como os selenetos e os teluretos.
- Com este elemento, podem ser fabricadas camadas tampão com vários "band gap" (2,2 para o InS a 3,7 eV para o ZnS), bem como grandes compostos absorventes que têm várias energias de "gap" (de 1,15 para o Cu_2SnS_3 a 1,9eV para o $AgInS_2$).
- A eficiência dos dispositivos $Cu(Ga,In)Se_2$ foi melhorada devido à incorporação de enxofre no filme, o intervalo de banda pode ser alterado gradualmente e resulta num melhor alinhamento na interface tampão/absorvente. Estas ligas $Cu(Ga,In)(Se,S)_2$ apresentam uma tensão de circuito aberto e uma eficiência superiores às ligas sem enxofre.

III. Propriedades do sulfureto de estanho:

Como possíveis alternativas ao CIGS, espera-se que os semicondutores à base de CuSnS (Cu_2SnS_3, Cu_3SnS_4, Cu_2ZnSnS_4) sejam também boas camadas absorventes para células solares [1]. O recurso da comunidade internacional a estes novos materiais deve-se ao facto de a abundância e a taxa de produção de gálio e índio serem relativamente baixas (80 toneladas e 510 toneladas, respetivamente, segundo o U.S. Geological Survey 2008).

Alguns materiais de enxofre-tampão foram testados em células solares ($ZnIn_2S_4$, ZnS, $Zn(O, S, OH)_x$ [35]). Entre eles, o sulfureto de índio (In_2S_3) cultivado por pirólise por pulverização é utilizado como tampão para células solares $CuInS_2$ com eficiências na ordem dos 7-9,5 % [6, 7]. As propriedades físicas destes materiais não têm sido extensivamente estudadas, especialmente as eléctricas, e muito pouco foi publicado sobre as propriedades ópticas e eléctricas, que são de interesse para a modelização optoelectrónica da estrutura completa do dispositivo e constituem a motivação básica para trabalhos futuros.

No entanto, como investigadores no domínio fotovoltaico e trabalhando desde 1987 no crescimento de materiais de enxofre como tampão e absorventes em películas finas pulverizadas [8-22], esperamos

que
este estudo de revisão fornece algumas informações valiosas para a comunidade de cientistas que trabalham com células solares fotovoltaicas em todo o mundo.
Os semicondutores binários dos grupos II-VI atraem uma atenção considerável da investigação devido à sua vasta gama de aplicações em dispositivos de estado sólido, como células solares e dispositivos optoelectrónicos. Entre eles, o SnS é um material semicondutor interessante para aplicações fotovoltaicas (PV) devido à abundância e ao baixo custo dos materiais de base [23-25]. Além disso, as películas finas de sulfureto de estanho apresentam condução do tipo p, elevada absorção ótica e transições diretas de bandgap com energia próxima de 1,5eV, correspondendo à conversão fotovoltaica teórica mais elevada [26-28].

Foram aplicadas várias técnicas para produzir películas finas de SnS, incluindo a pirólise por pulverização [29], a evaporação térmica [30], a pulverização por radiofrequência (RF sputtering) [31] e *a deposição de vapor químico* com reforço de plasma (PECVD) [32]. O sulfureto de estanho cristaliza-se em diferentes formas, como a estrutura cúbica (estruturas de zinco blenda e rocksalt) e a estrutura ortorrômbica (OR), como se mostra na figI.1 [33-35].

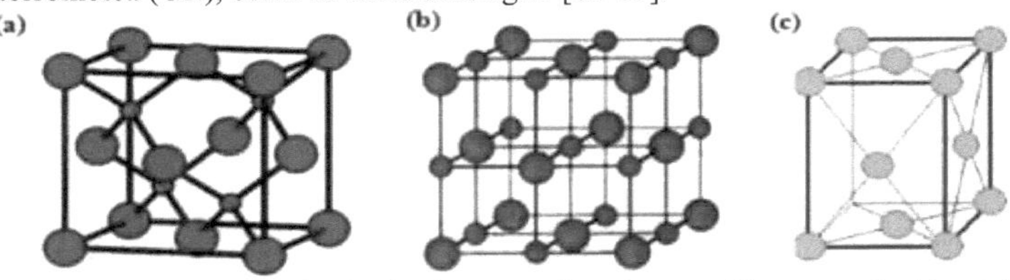

FigI-1: Estrutura da blenda de zinco (a); do sal-gema (b) e ortorrômbica (c)

Sabe-se que as películas de SnS preparadas por estas técnicas apresentam uma estrutura ortorrômbica (OR). As diferentes estruturas são apresentadas na mesma figura. No entanto, a literatura sugere que a estrutura cúbica de face centrada (fcc) só pode ser obtida pela técnica de deposição por banho químico. De facto, dependendo do parâmetro de crescimento e dos detalhes experimentais, como a temperatura de deposição, o tempo de deposição, o pH da solução depositada e a concentração do precursor, é possível obter a estrutura fcc ou a estrutura OR [33-35]. Por exemplo, Chao et al. descobriram que a diferença na estrutura está relacionada com o pH da solução depositada. De facto, para pH = 5 e 6, a estrutura era respetivamente zinc blende (ZB) e OR [34]. A variação na concentração do precursor utilizado na solução depositada resulta, no entanto, em filmes finos multifásicos, contendo tanto uma estrutura fcc como uma estrutura OR, embora isto dependa do banho [34]. Os padrões XRD obtidos das estruturas ZB e OR são apresentados na fig. I.2 como revelado por Gao et al. [34]

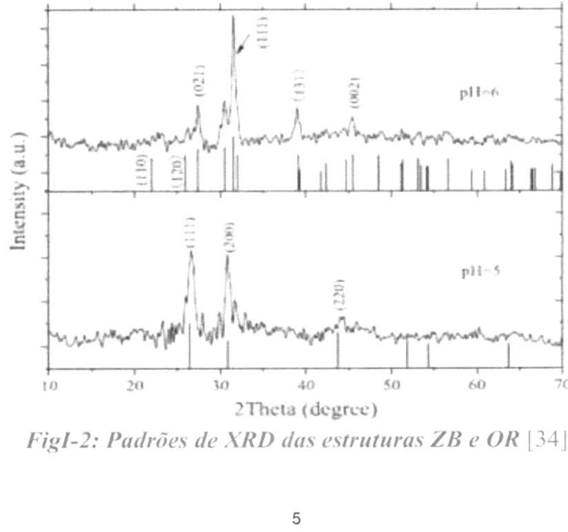

FigI-2: Padrões de XRD das estruturas ZB e OR [34]

Os mesmos autores [34] referem que para a deposição de filmes de zinc blende SnxSy, apenas se observou a deposição do filme de SnS no substrato e não se observou qualquer precipitação na solução, indicando que o mecanismo de deposição do filme é o mecanismo ião a ião, seguindo esta equação

$$Sn^{2+} + S^{2-} \longrightarrow SnS \qquad (I.1)$$

Numa solução aquosa de SnCh com um reagente comlexante (TEA), os iões Sn não existem sob a forma de catião Sn^{2+} livre mas sob a forma de ião complexo $[Sn(TEA)]^{2+}$. Neste caso, especulamos que o $[Sn(TEA)]^{2+}$ tem uma forma de tetraedro em que o Sn^{2+} se localiza no centro do tetraedro. No entanto, para a deposição de películas ortorrômbicas de SnS, a precipitação surge rapidamente, indicando que a deposição da película segue um mecanismo de aglomerado de hidróxido (Eq. (6)), o Sn^{2+} hidrolisa primeiro para formar o aglomerado de $Sn(OH)_2$, depois o $Sn(OH)_2$ reage com o ião S^{2-} para formar o aglomerado de SnS [34]:

$$Sn^{2-} + 2\,OH^{-} \longrightarrow Sn(OH)_2 \qquad (I.2)$$

$$Sn(OH)_2 + S^{2-} + 2H^{-} \longrightarrow SnS + 2H_2O \qquad (I.3)$$

As películas de SnS crescidas exibem picos fcc predominantes (111) e (200) localizados a 26,7° e 30,8°. Estas posições angulares dos picos podem ser atribuídas a uma estrutura relaxada de rocksalt (RS) ou a uma fase de zinco blenda (ZB) altamente deformada, com *a entalpia de formação de ZB maior do que a de RS* [36]. As condições de crescimento próximas do equilíbrio do processo CBD excluem a formação da fase ZB. Por conseguinte, *podemos assumir que a estrutura predominante do SnS é o sal-gema.*

S Efeito do substrato:

Revathi et al. relataram o efeito do substrato (vidro, ITO, Mo/vidro) nas propriedades físicas do SnS evaporado termicamente [37]. Indicaram que a interação entre a película fina e o substrato pode resultar na formação de defeitos que, subsequentemente, afectam a eficiência da célula fotovoltaica. Além disso, observaram que a cristalinidade e a orientação preferencial das películas dependem do substrato e da técnica de crescimento. Este facto foi atribuído à energia da superfície do substrato. A baixa densidade de defeitos e deslocações do SnS depositado no substrato de ITO pode dever-se à energia potencial mínima do nuclídeo na superfície do substrato, que conduz a um tamanho de grão maior. Este resultado foi correlacionado com a topografia da superfície, que revela uma estrutura densa.

S Temperatura do substrato:

No relatório [38], o sulfureto de estanho foi preparado utilizando a técnica de co-evaporação a diferentes temperaturas do substrato. Foi demonstrado que a baixa temperatura T <325°C, havia uma mistura de fases SnS2 e Sn2S3. A partir de T = 325°C, apenas a fase SnS foi formada. A esta temperatura, o material binário SnS foi obtido devido à re-evaporação do enxofre. Os resultados revelaram, portanto, uma redução da energia de band gap para os filmes recozidos.

Por outro lado, Priya Jain et al. elaboraram películas finas de SnS utilizando a técnica de evaporação térmica em vácuo [39]. Foi observada uma deslocação da posição dos picos Raman em função da espessura da película. Este resultado foi atribuído à variação do tamanho dos grãos e à natureza dos defeitos nos limites dos grãos.

J Efeito do pH:

Sajeesh et al. investigaram o efeito do pH no crescimento de películas finas de SnS pulverizadas. O valor do pH variou de 0,8 a 3,2 [40]. Verificou-se que a cristalinidade é melhorada, seguida de um aumento do tamanho do grão até pH = 2. Para além deste valor, ocorreu uma deterioração da cristalinidade. Assim, os autores indicaram que a formação de grãos era controlada pela coalescência dos agregados. O valor ótimo de pH leva, portanto, à formação de grandes nuclídeos cuja coalescência conduz a grãos maiores. No entanto, revelaram que, com o aumento dos valores de pH, o SnS apresenta deficiência de estanho, o que provoca um aumento da densidade de defeitos (vacâncias de estanho) e, em seguida, a condutividade aumenta.

A Tabela I.1 apresenta algumas propriedades físicas das películas finas de sulfureto de estanho. Verifica-se que o SnS depositado quimicamente apresenta uma elevada resistividade. Este resultado pode ser atribuído à menor densidade das películas preparadas pela técnica CBD.

dopagem	Crescimento técnica	Estrutura	Grãos tamanho (nm)	Espessura (nm)	Eg (eV)	Resistividade (iicm)	Referência ce
Em	CBD	Cúbico	45		1.57		[41]
Cu	CBD	Cúbico	55	780	1.51	---------	[42]
Ag	Evaporação térmica	OU	192	500	1.29	17	[43]
	Vácuo evaporado termicamente	OU	348	---------	2.05	1.07x102	[44]
Sb	Pulverizar Pirólise	OU	129.71	608	1.15	2.58x10-2	[29]
Bi	Pulverizar Pirólise	OU	116.75	825	1.40	4.788x10-1	[45]

Quadro I-1: Propriedades físicas do sulfureto de estanho preparado através de vários processos

No entanto e apesar dos esforços, a eficiência máxima deste tipo de célula é limitada (como se observa na tabela I.2); devido à elevada densidade de defeitos do SnS. Embora a eficiência teórica do sulfureto de estanho exiba um valor de cerca de 24% de acordo com o padrão de Loferski [51]. Vale a pena mencionar que os defeitos e as armadilhas presentes nas películas finas de SnS desempenham um papel importante nas propriedades electrónicas. Foi sugerido que a janela ótica baseada em zinco, como as películas finas de ZnO ou ZnS com uma espessura da ordem dos 25-30 nm, pode modificar a banda de condução através da redução da recombinação na interface [52].

Técnica de crescimento de SnS	Janela ótica	Técnica de crescimento da janela ótica	Células solares eficiência (%)	Referências
CBD	CdS	eletroquímica	0.20	[46]
CBD	CdS	CBD	0.44	[47]
Pulverizar	CdS	Pulverizar	1.30	[48]
CBD		Cuspiu	1.30	[49]

Deposição eletroquímica	DCV	2.04	[50]

Tabela I-2 Eficiência das células solares baseadas em películas finas de sulfureto de estanho.

É bem conhecido [53] que a resistividade do SnS é relativamente elevada, cerca de 106 Q.cm, apesar das suas interessantes propriedades físicas. No entanto, o desempenho dos dispositivos fotovoltaicos depende da qualidade cristalográfica, bem como da condutividade do SnS. O objetivo deste trabalho é encontrar uma metodologia adequada para melhorar as propriedades físicas deste material, especialmente a sua condutividade. Este objetivo pode ser alcançado através dos efeitos da dopagem e do recozimento.

ƒ Efeito do recozimento:

Vários trabalhos relataram o recozimento do sulfureto de estanho em ar ambiente [54-58]. Verificou-se que o SnS se transforma na presença de oxigénio atmosférico em SnO_2, que é transparente e condutor, seguindo a reação abaixo [54]:

$$2SnS+O_2 \longrightarrow SnO_2+SnS_2 \qquad (I.4)$$

A formação de SnO2 pode ser explicada pela oxidação de Sn(II) em Sn(IV).

No entanto, tem sido dada pouca atenção ao recozimento de películas finas de SnS preparadas pela técnica CBD numa atmosfera de azoto gasoso, exceto nos trabalhos realizados por Hong-Jie et al. e Devika et al. [59, 60]. De facto, Hong-Jie et al. relataram o efeito do recozimento em películas finas de SnS:Ag evaporadas. Verificaram que, para uma temperatura de recozimento de 300°C, surge um pico óbvio de SnO2 devido à oxidação parcial de SnS em SnO_2, apesar da utilização de atmosfera de azoto [59].

IV. Técnica de crescimento: Técnica de deposição por banho químico

Tanto do ponto de vista económico como do interesse ambiental, a síntese de filmes finos à base de enxofre através de um processo barato é essencial para consolidar a energia fotovoltaica. Utilizámos a técnica CBD para o crescimento de filmes finos de sulfureto de estanho.

Foram aplicadas várias técnicas para o crescimento de películas finas de SnS, incluindo a pirólise por pulverização [29], a evaporação térmica [30], a pulverização por radiofrequência (RF sputtering) [31] e a deposição de vapor químico com reforço de plasma (PECVD) [32]. Entre elas, a técnica CBD é a menos dispendiosa e pode ser utilizada para o crescimento de películas finas de sulfureto de estanho. A configuração da CBD é mostrada na fig.I.3.

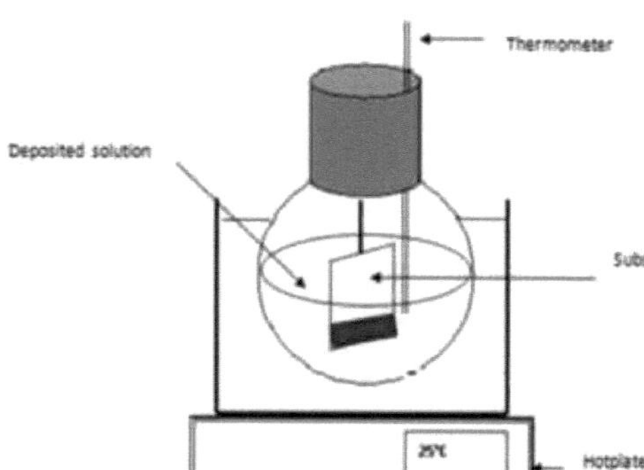

Fig.I-3: Configuração do depósito químico

- Reação química:

Os reagentes envolvidos durante a deposição são normalmente um complexo metálico MLn e um precursor molecular "B". A formação de um composto por deposição pode então ser simbolizada pela seguinte equação geral:

$$MLn + B \leftrightarrow MpXq(solid) + nL^{-} + A^{-} \quad (I.5)$$

Esta reação requer, numa primeira fase, a dissociação do complexo metálico para libertar o catião metálico, de acordo com o equilíbrio químico:

$$ML_n \leftrightarrow pM^{m+} + nL^{-} \quad (I.6)$$

em que "M" é um catião metálico e "L" é um ligando

Em segundo lugar, a decomposição do precursor molecular para formar o ião complementar e o catião, segue quase a reação redox como:

$$B \leftrightarrow qX^{n-} + nqA^{-} \quad (I.7)$$

Em que "X" é um ião complementar e "A" é um catião.

A combinação do ião complementar "X" com o catião metálico "M" dá origem ao composto binário desejado:

$$pM^{m+} + qX^{n-} \leftrightarrow M_pX_{q(solid)} \quad (I.8)$$

É de notar que o anião que tem o maior tamanho define a estrutura cristalina. Na estrutura da mistura de zinco, os átomos do anião formam uma estrutura cúbica de face centrada. Por outro lado, os catiões ocupam metade do número de sítios tetraédricos. Esta estrutura tem uma coordenação tetraédrica: os vizinhos mais próximos de cada átomo consistem em quatro átomos do tipo oposto, posicionados como os quatro vértices de um tetraedro regular.

- Dispositivo experimental:

A montagem experimental do CBD é muito simples (fig.I.3). É constituída por um substrato ligado verticalmente a um suporte. A célula que contém o banho químico é então colocada num banho de água e a temperatura é controlada manualmente por meio de uma placa de aquecimento e de um termómetro.

- Vantagens e desvantagens

A técnica CBD é um método simples e económico para o crescimento de películas finas em grandes superfícies. Além disso, permite a deposição a baixa temperatura em vários substratos (vidro, Pyrex, SnOh:!'...) e a obtenção de camadas finas de forma controlada.

No entanto, a única restrição é a não seletividade do processo de CBD que resulta na formação do composto como uma fase sólida suspensa na solução ou sedimentada no fundo da célula ou depositada nas paredes da célula e pode limitar a espessura final da película fina cultivada.

- Preparação de películas finas de SnS dopadas:

A solução de deposição de SnS é extensivamente descrita num estudo anterior [61]. Os principais parâmetros de deposição são apresentados na tabela.I.3. Para sintetizar películas finas de SnS dopadas, a massa necessária de elementos dopantes é adicionada diretamente à célula.

Neste trabalho, a camada fina de sulfureto de estanho é cultivada por CBD em substrato Pyrex para várias concentrações de dopagem com ferro (y = [X]/[Sn] = 0%, 4%, 6%, 8% e 10%; em que X = Fe, Ag ou Ga). Cada camada é formada por três ciclos de deposição idênticos e sucessivos, cada um deles com a duração de quatro horas. O tempo de deposição foi optimizado noutro local [61].

Precursores	**concentração**	**Elementos de dopagem**	**Parâmetros do CBD**

$SnCl2.2H2O$			
Tioacétamida	$[Sn^{2+}]$=0,1 M	FeCl2	Temperatura de depósito: 25°C
Amoníaco		AgCl2	Volume da solução:50 mL
Cloreto ácido	$[S^{2-}]$=0,1 M	GaCl2	Tempo de deposição: 4h
TEA			

Tabela I-3: Condições experimentais para o crescimento de películas finas de SnS

V. Técnicas de caraterização:

V .1: Difração de raios X (XRD):

A origem dos raios X pode ser a seguinte: no primeiro passo, um filamento de tungsténio é aquecido utilizando um campo termoelétrico. Assim, as emissões de electrões ocorrem do cátodo para o ânodo devido ao aquecimento. Em seguida, surge o campo elétrico. De facto, este está associado à elevada diferença de potencial entre o ânodo e o cátodo. Como resultado, é detectada a aceleração dos electrões na direção do ânodo. A interação entre o alvo e os electrões acelerados leva à excitação dos átomos do alvo. O regresso ao estado fundamental induz padrões de raios X.

V .2: Microscopia de força atómica (AFM):

A microscopia de força atómica (AFM) é utilizada para obter a topografia das superfícies das películas finas. Além disso, é possível determinar a rugosidade média da superfície, o tamanho do grão e a sua distribuição. O sistema consiste num micro-cantilever flexível cuja ponta é metálica, com um raio de cerca de 10 nm e um suporte piezoelétrico que permite que a amostra se mova nas 3 direcções. A deteção da deflexão do cantilever é fornecida por um sistema ótico; no entanto, uma deflexão constante do micro-cantilever é assistida por um sistema servo.

V .3: Microscopia eletrónica de varrimento (SEM):

Um canhão de electrões induz um feixe de electrões de sonda. A interação entre a amostra e o feixe leva à geração de electrões secundários. Estes electrões são subsequentemente acelerados em direção a um detetor de electrões secundários que amplifica o sinal. A intensidade do sinal elétrico depende tanto da natureza da amostra no ponto de impacto como da topografia da superfície no ponto considerado.

V .4: Microscopia de dispersão de energia EDS:

A Microscopia de Energia Dispersiva é uma técnica associada ao MEV para determinar a composição química das camadas e o seu respetivo conteúdo em percentagem atómica e mássica. Numa primeira fase, as películas finas foram excitadas. O regresso ao estado fundamental induz a emissão de fotões X. Como os estados energéticos de um átomo são específicos de cada elemento químico, então a energia emitida pelo fotão de raios X é também específica de cada elemento.

V .5: Espectrofotómetro:

Um espetrofotómetro é geralmente utilizado para a medição da reflectância e da transmitância de vários tipos de amostras, como sólidos e soluções, numa gama de 200 a 2500 nm, com diferentes controlos e calibrações. A lâmpada WI e a lâmpada de deutério que funcionam respetivamente na gama do visível e do ultravioleta serviram de fonte de luz. A luz monocromática foi então dividida pelo sistema de feixe duplo. Como resultado, as grelhas de difração para o controlo e a amostra com um espelho rotativo, guiam a luz para a câmara de amostra. O tipo monocromático simples utiliza um espelho de superfície esférico em frente da fenda de entrada, enquanto o tipo monocromático duplo utiliza uma grelha de difração,

V.6: Espectroscopia Raman:

A dispersão Raman parece ser uma das técnicas não destrutivas mais poderosas para estudar a qualidade dos cristalitos, a desordem estrutural e os defeitos em compostos dopados. Pode também ser utilizada para identificar a presença de outras fases. De facto, fornece mais informações sobre alterações estruturais locais causadas por efeitos de dopagem ou recozimento. Podem ocorrer dois tipos de dispersão, como se pode observar na fig.I.4:

S Dispersão de Rayleigh: devido à ausência de alteração do comprimento de onda.

S Dispersão Raman: devido à alteração do comprimento de onda, que pode ser maior ou menor em função do estado de vibração dos átomos. De facto, a dispersão Raman pode ser dividida em dois tipos:

- Dispersão Stokes Raman: quando o átomo no estado fundamental absorve energia, pode ser criado um fão.
- Dispersão Raman Anti-Stokes: quando o átomo já se encontra num estado excitado e absorve energia, pode ocorrer a aniquilação de um fão.

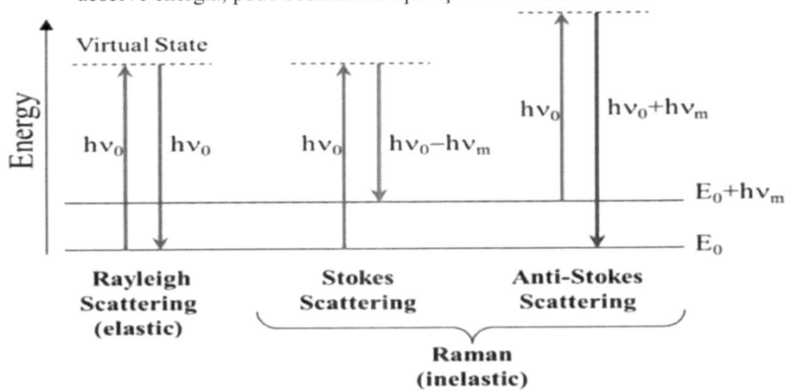

Fig.I-4: Dispersão Raman [62]

Nesta secção, definimos o pico Raman ativo do SnS cristalizado em estrutura de zinco blenda. O grupo de pontos da estrutura de zinco é Td (-43m) para Schönflies-Morgan e Herman, respetivamente. Os elementos de simetria presentes neste grupo são:

J E : identidade

J C3 : eixo de rotação com um ângulo de $\frac{2\pi}{3}$

J C2 : eixo de rotação com um ângulo de π

J S4 : eixo de rotação com um ângulo de $\frac{\pi}{2}$ seguido de uma reflexão num plano perpendicular ao eixo

J Sd: espelho diagonal

A tabela de caracteres do grupo Td pode ser escrita do seguinte modo

Td (-43m)	E	8C3	3C2	6S4	6σd
Ai	1	1	1	1	1
A2	1	1	1	-1	-1
E	2	-1	2	0	0
Ti	3	0	-1	1	-1

T2	3	0	-1	-1	1

Quadro I-4: Quadro de caracteres do grupo Td

O carácter de representação redutível é determinado de acordo com a seguinte equação:

$$Xn = N_n(2cosy \pm 1)$$

em que :

N_n : Número de átomos invariantes

$(2cosp \pm 1)$: Contribuição dos átomos

O material SnS cristalizou-se em estrutura de zinco blenda. É formado por tetraedros. A parte superior dos tetraedros é ocupada por átomos de enxofre, enquanto os átomos de estanho são colocados no centro. Para determinar o número de átomos invariantes, devemos observar a mudança de posição dos átomos para cada simetria, fig.I.5.

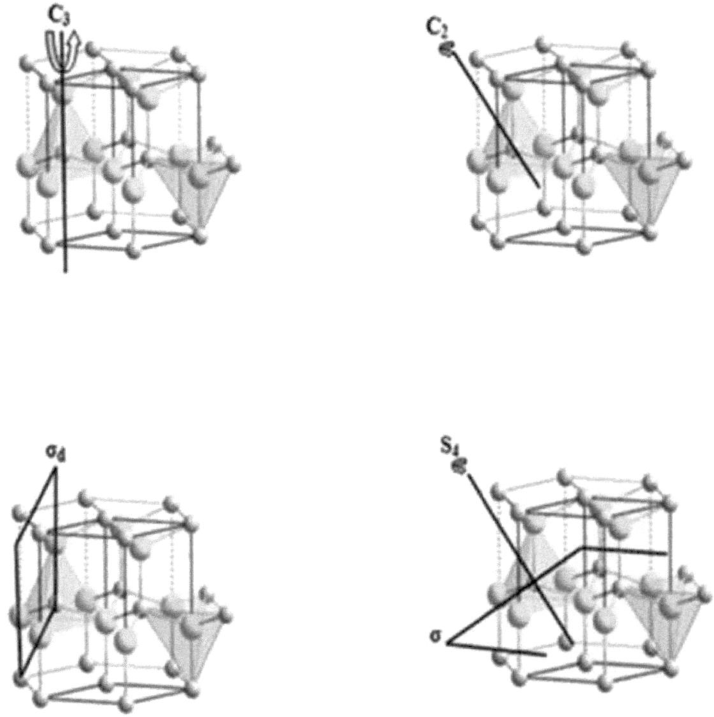

Fig.I-5 : Elementos de simetria do grupo Td

Por conseguinte, o número de átomos invariantes é indicado no quadro I.5 :

	E	C3	C2	S4	Od
número de átomos invariantes	5	2	1	1	3

Quadro I-5: número de átomos invariantes

A contribuição dos átomos pode ser deduzida, quadro I.6

Elementos de simetria	*de* φ	cos φ	Natureza funcionamento	de Contribuição de átomos
E	2π	1	+	3
C3	$\frac{2\pi}{3}$	$\frac{-1}{2}$	+	0
C2	π	-1	+	-1
S4	$\frac{\pi}{2}$	0	-	-1
Cd	2n	+1	-	+1

Quadro I-6: Contribuição dos átomos

Assim, o carácter da representação redutível para cada classe é dado no quadro I.7.

	E	C3	C2	S4	Gd
Número de átomos invariantes	**de** 5	2	1	1	3
Xj	3	0	-1	-1	1
vermelho	15	0	-1	-1	3

Quadro I-7: Carácter da representação redutível para cada classe

Representação total de todos os movimentos:

o número de vibrações para cada espécie de simetria ri é dado de acordo com

$$n(\Gamma i) = \frac{1}{h}\sum_{j} g_j\chi_i\,(\Gamma_i)\chi_j$$

em que: h : ordem do grupo

gj: número de elementos presentes na mesma classe

xj(fi) : carácter da representação irredutível

X: carácter da representação redutível

$$n(A_1) = \frac{1}{24}[1x1x15 + 8x1x0 + 3x1x(-1) + 6x1x(-1) + 6x1x3] = 1$$

$$n(A_2) = \frac{1}{24}[1x1x15 + 8x1x0 + 3x1x(-1) + 6x(-1)x(-1) + 6x(-1)x3] = 0$$

$$n(E) = \frac{1}{24}[1x2x15 + 8x(-1)x0 + 3x2x(-1) + 6x0x(-1) + 6x0x3] = 1$$

$$n(T_1) = \frac{1}{24}[1x3x15 + 8x0x0 + 3x(-1)x(-1) + 6x1x(-1) + 6x(-1)x3] = 1$$

$$n(T_2) = \frac{1}{24}[1x3x15 + 8x0x0 + 3x(-1)x(-1) + 6x(-1)x(-1) + 6x1x3] = 3$$

$$\Gamma_{tot} = A_1 + E + T_1 + 3T_2$$

Or $\Gamma_{tot} = \Gamma_{translation} + \Gamma_{vibration}$

$\Gamma_{translation} =???$

$$\Gamma_{translation} = \frac{1}{h}\sum_{j} g_j \chi_i (\Gamma_i) \chi_j$$

where :

h : ordem de grupo

gj : número de elementos presentes na mesma classe xj(ri) : carácter da representação irredutível e *Xj* : contribuição dos átomos

$$n_t(A_1) = \frac{1}{24}[1x1x3 + 8x1x0 + 3x1x(-1) + 6x1x(-1) + 6x1x1] = 0$$

$$n_t(E) = \frac{1}{24}[1x2x3 + 8x(-1)x0 + 3x2x(-1) + 6x0x(-1) + 6x0x1] = 0$$

$$n_t(T_1) = \frac{1}{24}[1x3x3 + 8x0x0 + 3x(-1)x(-1) + 6x1x(-1) + 6x(-1)x1] = 0$$

$$n_t(T_2) = \frac{1}{24}[1x3x3 + 8x0x0 + 3x(-1)x(-1) + 6x(-1)x(-1) + 6x1x1] = 1$$

$$\Gamma_{translation} = T_2$$

$$\Gamma_{vibration} = \Gamma_{total} - \Gamma_{translation}$$

$$\Gamma_{vibration} = A_1 + E + T_1 + 2T_2$$

Modos activos de Raman :

Os modos activos de Raman podem ser definidos de acordo com:

$$n_{AR}(\Gamma i) = \frac{1}{h}\sum_j g_j\chi_i(\Gamma_i)\chi_j$$

em que :

h : ordem de grupo

gj: número de elementos presentes na mesma classe

%j(Ti) : carácter da representação irredutível

e $Xj = 4\cos^2 p \pm 2\cos p$

	E	C3	C2	S4	σd
9	2n	$\frac{2\pi}{3}$	π	$\frac{\pi}{2}$	2π
cos 9	1	$\frac{-1}{2}$	-1	0	1

Natureza da ação	+	+	+	-	-
$\chi_j = 4cos^2\varphi \pm 2\cos\varphi$	6	0	2	2	0

$$n_{AR}(A_1) = \frac{1}{24}[1x1x6 + 8x1x0 + 3x1x2 + 6x1x0 + 6x1x2] = 1$$

$$n_{AR}(E) = \frac{1}{24}[1x2x6 + 8x(-1)x0 + 3x2x2 + 6x0x0 + 6x0x2] = 1$$

$$n_{AR}(T_1) = \frac{1}{24}[1x3x6 + 8x0x0 + 3x(-1)x2 + 6x1x0 + 6x(-1)x2] = 0$$

$$n_{AR}(T_2) = \frac{1}{24}[1x3x6 + 8x0x0 + 3x(-1)x2 + 6x(-1)x0 + 6x1x2] = 1$$

Os modos $4_{15}E$ e T_2 são os modos activos do grupo Td; no entanto, o modo T1 era silencioso. Em conclusão, estas regras de seleção são válidas para monocristais. No caso das películas finas policristalinas, estas regras de seleção não se aplicam necessariamente de forma rigorosa devido aos raios alargados.

V. 7: Corrente estimulada termicamente:

A técnica da corrente termicamente estimulada (TSC) é uma ferramenta poderosa para a caraterização de centros de captura em sólidos sob várias condições experimentais (fig.I.6). A amostra é excitada por luz branca durante 1mn a baixa temperatura (77 K) para criar um par de electrões e buracos, seguido de captura de electrões através de níveis de armadilha. Em seguida, a amostra é aquecida no escuro a uma velocidade igual a 0,8 K/s para que o eletrão preso no nível de armadilha possa escapar. É aplicada uma tensão constante de 10 V entre dois eléctrodos posicionados na superfície da amostra. A corrente eléctrica que flui entre os dois eléctrodos é registada em função da temperatura.

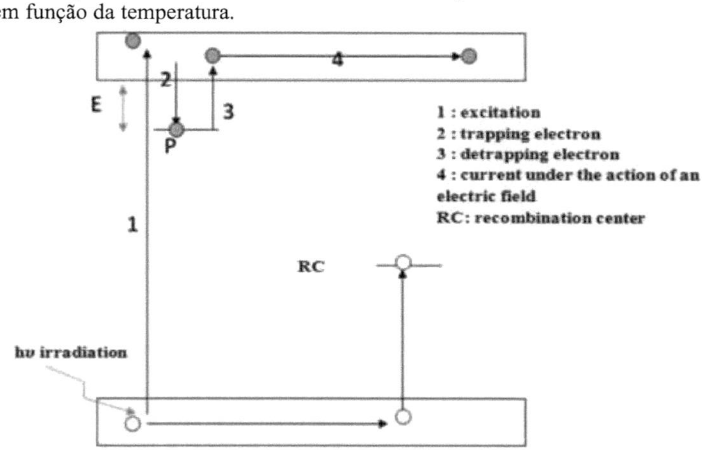

Fig.I-6: Corrente estimulada termicamente

A energia de ativação, Ea, é definida como a quantidade mínima de energia necessária para que um eletrão se desloque das armadilhas para a banda de condução permitida ou das armadilhas para outra banda. Esta energia foi avaliada utilizando o gráfico de Arrhenius Ln(I)=versus $(\frac{10^3}{T})$ De facto, Ea é o declive da curva TSC no gráfico de Arrhenius. Pode ser calculada de acordo com esta equação [63]:

$$E_a = \frac{\partial Ln(I)}{\partial(\frac{10^3}{T})} \times k \times 10^3 \qquad (I.9)$$

Onde I é a intensidade máxima da corrente termicamente estimulada, k é a constante de Boltzmann e T é a temperatura em Kelvin. Quando a amostra contém diferentes níveis de armadilha, o gráfico de Arrhenius terá diferentes declives, dando origem a diferentes energias de ativação

V .8: *Espectrofotómetro de fluorescência:*

A fluorescência é um processo radiativo em que os fotões são absorvidos por uma molécula. Como resultado, os átomos foram excitados e, ao regressarem ao estado fundamental, foi posteriormente detectada uma emissão de fotões. É de notar que a energia de excitação é superior à energia de emissão. Nesta fase, podem ocorrer dois fenómenos:

- Fluorescência: O processo entre o estado excitado e o estado fundamental é produzido diretamente sem passar por um estado intermédio. (fig.I.7-a)
- Fosforescência: O processo entre o estado excitado e o estado fundamental requer um estado intermédio. (fig.I.7-b)

É por esta razão que o tempo de vida da fluorescência é inferior ao da fosforescência.

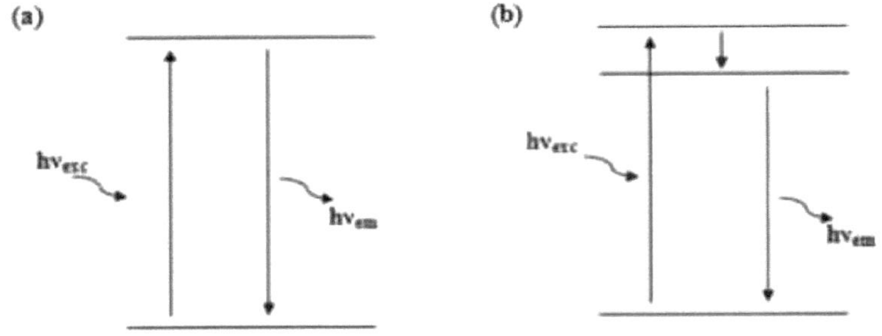

Fig.I-7: Princípios de fluorescência (a) e fosforescência (b)

VI . Conclusão:

Atualmente, a comunidade internacional, bem como os industriais, enquanto consumidores conscientes dos preços, devem tratar do controlo dos preços do possível produto das células solares fotovoltaicas e dos potenciais dispositivos baseados em compostos baratos e não tóxicos, como o enxofre. Assim, espera-se que a comunidade científica concentre os seus esforços na possível utilização destes enxofres como materiais energéticos na conversão da energia solar. De facto, num futuro próximo, poderão ser testadas mais de vinte células solares baseadas em materiais baratos com dopagem adequada e tratamento térmico em várias atmosferas.

Este estudo de revisão é muito interessante, uma vez que um processo de pirólise por pulverização e CBD sem custos e compostos de enxofre serão testados em energia de conversão solar e outros dispositivos potenciais.

Capítulo II:

Efeito da dopagem nas propriedades físicas de filmes finos de sulfureto de estanho (II)

RESUMO

São apresentadas as condições experimentais da síntese de filmes finos de sulfureto binário SnS dopado com (Fe, Ag, Ga) através da deposição por banho químico (CBD). Além disso, foram efectuadas investigações físicas detalhadas sobre este material. As caracterizações estruturais baseiam-se na difração de raios X (DRX), na espetroscopia Raman e na microscopia eletrónica de varrimento (SEM), ao passo que as caracterizações ópticas são fornecidas através de medições ópticas de transmissão e de reflexão. Além disso, foram efectuadas medições de corrente termicamente estimulada para o estudo das propriedades eléctricas das películas finas de sulfureto de estanho.

I. Introdução :

Em relatórios anteriores, foi demonstrado que a técnica CBD é uma técnica adequada para o crescimento de películas finas de sulfureto de estanho dopado. Para melhorar as propriedades físicas das películas finas de SnS, foram adicionados à solução depositada elementos dopantes como o ferro, o gálio e a prata. A metodologia para a nossa investigação de elementos dopantes foi semelhante à apresentada anteriormente para películas finas de SnS dopadas com Cu e In [10-12]. A taxa de dopagem é determinada a partir do rácio das concentrações de dopagem em relação ao estanho (y = [X] / [Sn] = 0, 4, 6, 8 e 10% onde X = Fe, Ag ou Ga). Além disso, foram testadas as propriedades eléctricas através da técnica de corrente termicamente estimulada TSC, que é uma técnica que ainda não foi aplicada em filmes de SnS quimicamente. Tanto quanto é do nosso conhecimento, os efeitos da dopagem com Fe, Ag e Ga nas propriedades físicas das películas finas de SnS utilizando a técnica CBD não foram amplamente divulgados.

II. Análise estrutural:

A Fig. II.1 representa os padrões de XRD de filmes finos de SnS dopados com ferro, prata e gálio. O difractograma do filme revela a presença de dois picos principais posicionados a aproximadamente 2θ=26.69° e 2θ=30.87°, atribuídos respetivamente a $(111)^{RS}$ e $(200)^{RS}$ e pertencentes à estrutura de rocha [1]. Observa-se que, para os diferentes elementos dopantes, as películas dopadas apresentam a mesma estrutura que as películas finas de sulfureto de estanho não dopadas [2]. É ainda revelada a ausência de fases secundárias relacionadas com o efeito de dopagem, tais como Fe2SnS4, Ag8SnS6 e Ga2Sn2S5 para películas de SnS dopadas com Fe, Ag e Ga, respetivamente.

SnS : Fe

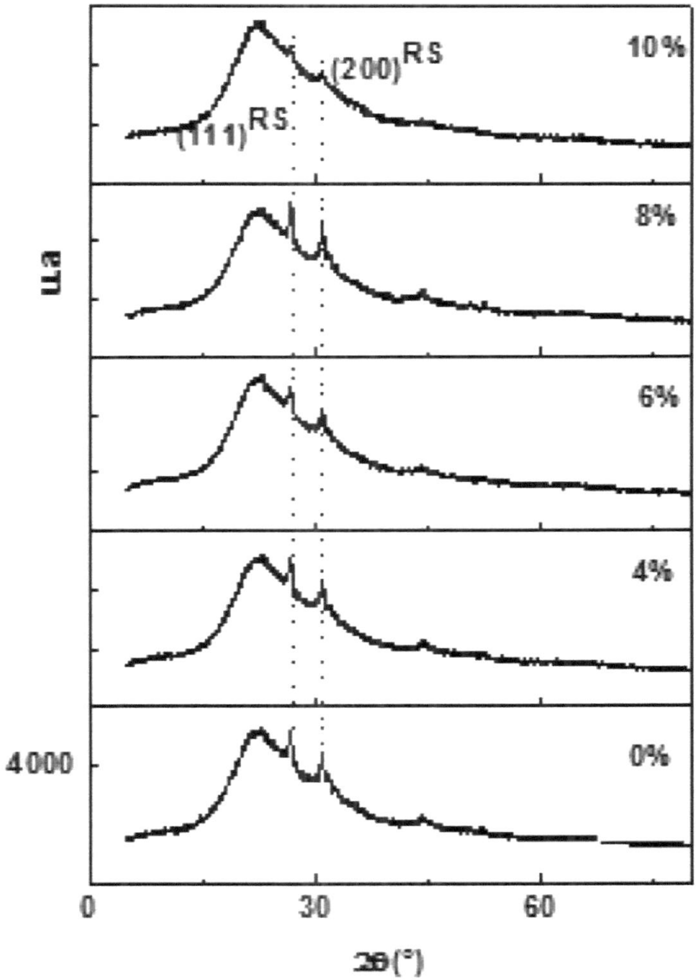

SnS : Ag

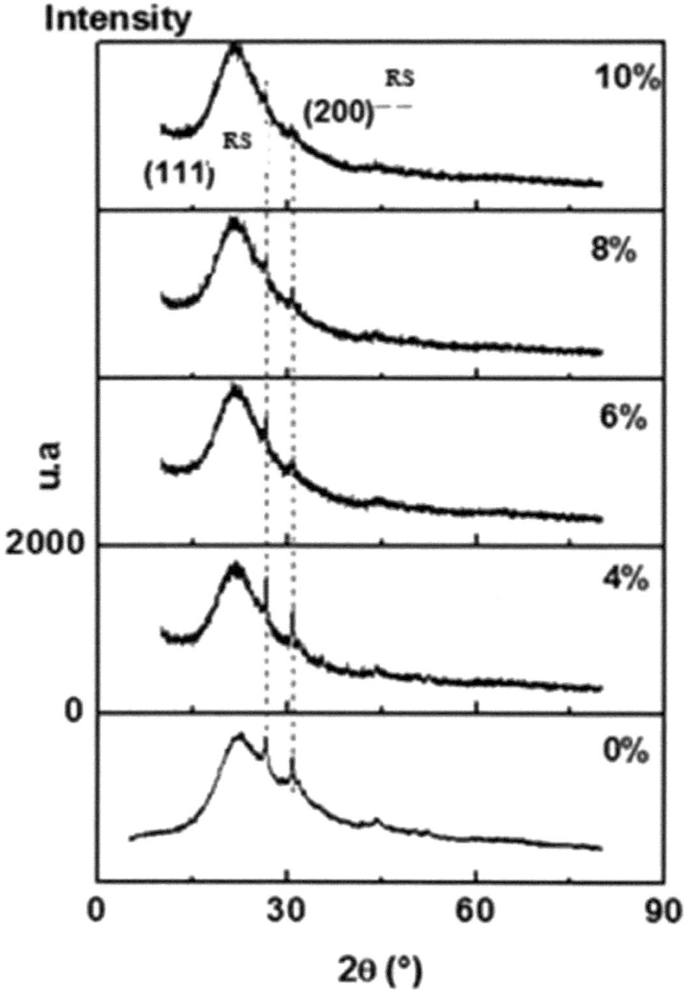

SnS : Ga

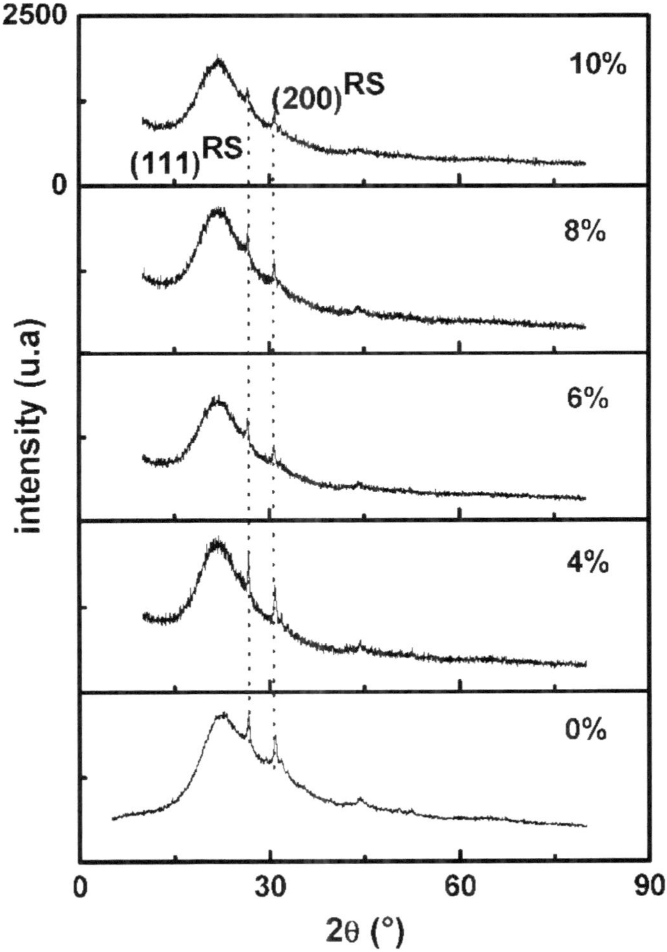

Fig.II-1: Padrões XRX do SnS dopado preparado em diferentes concentrações (y=[X]/[Sn]=0, 4, 6, 8 e 10% onde X=Fe; Ag e Ga).

Estes resultados podem ser atribuídos à baixa quantidade de átomos dopantes adicionados à solução inicial. Isto indica que a incorporação de elementos dopantes não contribuiu para uma mudança na estrutura do material. Esta última conclusão era um resultado previsível, uma vez que, em relatórios anteriores, não foram detectadas outras fases relacionadas com os átomos dopantes para películas finas de SnS dopadas com Cu e In utilizando a técnica CBD para as mesmas proporções de dopagem [3-4].

Devika et al. relataram em [5] a presença de um pico localizado a 29=29,37° com orientação (022) e atribuído ao composto Ag8SnS6 para um rácio de dopagem de prata mais elevado, enquanto este pico estava ausente no caso de uma baixa concentração de prata. Este facto foi explicado da seguinte forma: A baixa concentração, os átomos de prata foram absorvidos por limites de grão ou colocados em sítios intersticiais, uma vez que o Ag8SnS6 estava ausente na análise XRD [5]. Portanto, houve incorporação intersticial. No entanto, a altas concentrações, os átomos de estanho foram substituídos por átomos de prata, levando assim à formação de uma nova fase de Ag8SnS6 e a dopagem neste caso foi uma substituição. Permin Lu et al. [6] também relataram filmes finos de SnS dopados com prata, seguidos de recozimento em atmosfera de N2. Após a dopagem, observa-se, de acordo com os espectros de XRD, o aparecimento de duas fases relacionadas com as ligas de prata: Ag2S e Ag8SnS6 com respetivamente (040) e (402) como planos de reflexão.

Pode ver-se claramente que o rácio de dopagem afecta a cristalinidade. De facto, os padrões de XRD mostraram um aumento nas intensidades das orientações preferenciais para y<4% para filmes dopados com prata e gálio; no entanto, aumenta até 8% para filmes dopados com ferro. Para além destas taxas, as intensidades dos picos difractados diminuem novamente, indicando uma cristalinidade degradada e as películas exibem uma tendência amorfa para y=10%. Isto pode ser devido à tensão formada por uma concentração de dopagem mais elevada [7]. De facto, a degradação da cristalinidade está relacionada com um possível aumento dos defeitos de empilhamento, levando a uma perda de periodicidade na rede cristalina do SnS [12].

Verifica-se igualmente uma contração dos parâmetros de rede, tal como observado para as películas finas de SnS dopadas com ferro, como se mostra na fig.II.2. De facto, de acordo com a equação de Bragg (2dsin9 =n 1), o aumento do ângulo 9 conduz a uma degradação da rede cristalina.

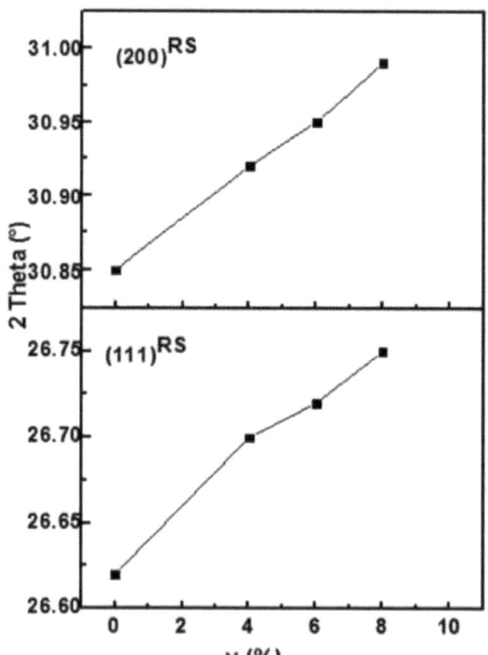

Fig.II-2: Variação XRX de 20 em função do SnS dopado com diferentes concentrações de ferro

De acordo com a fórmula de Debye Scherer, o tamanho do grão foi calculado utilizando o pico de difração $(111)^{RS}$. Os tamanhos de grão estimados das películas finas de sulfureto de estanho dopado são apresentados na Fig. II.3. O maior valor do tamanho de grão foi atribuído para y=4% no caso dos filmes dopados com prata e gálio, que apresentaram a melhor cristalinidade. Assim, o aumento do tamanho de grão promove a coalescência entre os grãos durante o crescimento, levando à compactação dos filmes obtidos. De facto, um tamanho de grão maior pode reduzir a dispersão de portadores de carga nos limites dos grãos e ajudar a melhorar a eficiência dos dispositivos de células solares. Para além desta taxa (y>4%), o tamanho do grão diminui notavelmente.

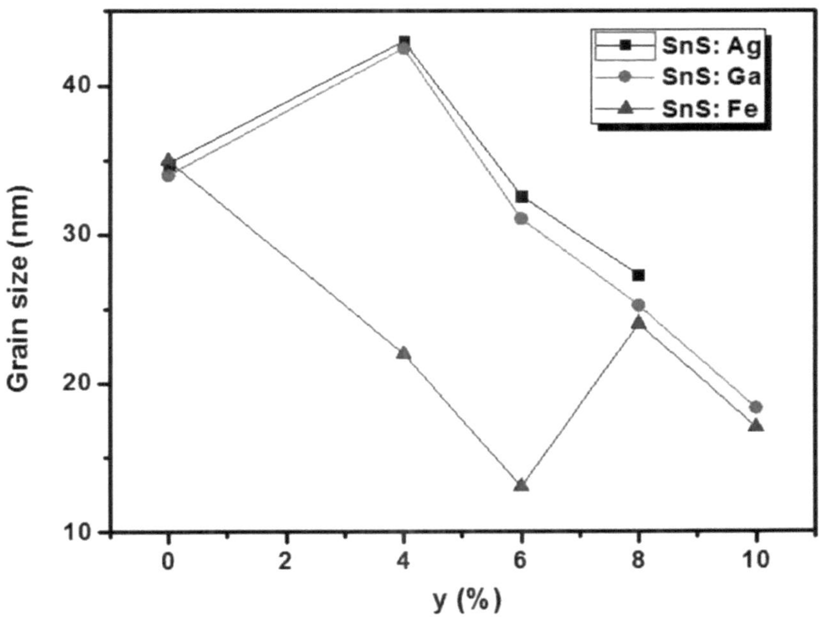

Fig.II-3: Tamanho de grão do SnS dopado preparado em diferentes concentrações (y=[X]/[Sn]=0, 4, 6, 8 e 10% onde X=Fe; Ag e Ga).

À primeira vista, a concentração do teor de átomos dopantes não afecta a direção de crescimento, mas ajuda o crescimento do grão até uma concentração óptima.

III. Análise Raman:

Foram efectuados espectros Raman em películas finas de SnS dopadas com Ga para investigar melhor os efeitos da dopagem com Ga. De facto, a dispersão Raman parece ser uma das técnicas não destrutivas mais poderosas para estudar a qualidade dos cristalitos, a desordem estrutural e os defeitos em compostos dopados. Pode também ser utilizada para identificar a presença de outras fases. De facto, fornece mais informações importantes sobre as alterações estruturais locais devidas a protocolos de dopagem ou recozimento.

A Fig. II.4 apresenta os espectros Raman das películas finas de SnS:Ga. Observa-se uma vibração principal a 220 cm^{-1} em todas as películas finas de sulfureto de estanho correspondente à vibração Ag com um modo convencional localizado a 218 +/- 25 cm^{-1} [9-10]. Assim, a cristalização do SnS foi confirmada por espetroscopia Raman.

No entanto, foi detectado um pico de baixa intensidade localizado a 305 cm^{-1} e correspondente a Sn2S3. Esta é uma fase secundária que não foi observada nas análises XRD, possivelmente devido às quantidades muito baixas da fase Sn2S3. Para y=8%, foram observados dois picos adicionais localizados a 160 cm^{-1} e 183 cm^{-1}. Estes picos estavam relacionados com o modo de vibração do SnS: B2g e B3g, respetivamente. Estes modos estão de acordo com relatórios anteriores [11].

Curiosamente, observa-se ainda uma banda larga no número de onda~ 1400 cm^{-1} para todos os SnS dopados com Ga, e que estava ausente no caso de filmes não dopados. Esta banda larga pode ser constituída por dois picos, centrados respetivamente em 1345 cm^{-1} e 1545 cm^{-1}. A introdução de Ga nas películas finas de SnS pode causar o aparecimento da banda larga, uma vez que esta não foi observada na amostra não dopada. Resultados semelhantes foram obtidos para o óxido de zinco dopado com azoto [12]. No entanto, as origens desta banda larga ainda não podem ser atribuídas a alterações estruturais locais bem definidas.

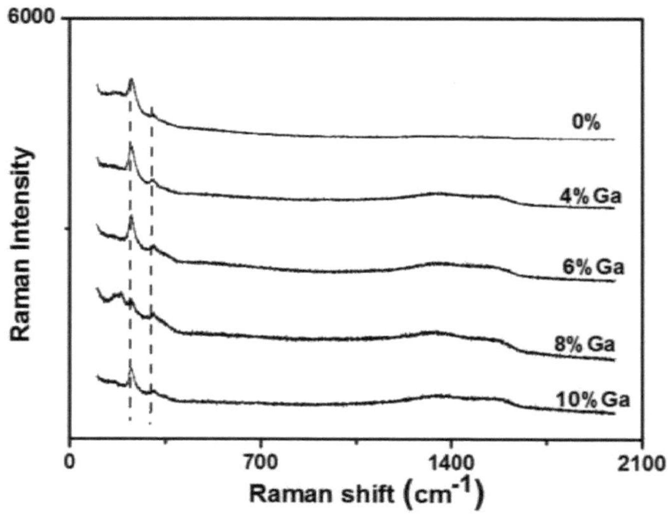

Fig.II-4: Deslocamento Raman do SnS dopado com gálio preparado a diferentes concentrações

IV. Propriedades morfológicas:

A Fig. II.5 mostra as imagens SEM das películas finas de SnS:Ag para y=0; 4 e 10%. Verificou-se que a dopagem de átomos afecta grandemente as imagens topográficas, tal como revelado pelas imagens SEM. De facto, a partir da rugosidade média da superfície RMS (fig.II.6) determinada a partir das imagens AFM, é possível observar que a RMS diminuiu consideravelmente de 63 nm para 20,6 nm após a dopagem. De facto, foi detectada uma mudança gradual no crescimento dos aglomerados: Foi observada uma estrutura densa nas películas não dopadas; no entanto, formaram-se grãos maiores ao longo da cobertura de superfície compacta à medida que a razão de prata aumentou até 4%. Este resultado pode ser atribuído ao efeito da prata na melhoria da topografia da superfície das películas. De facto, o aumento dos nanogrãos para a quantidade de átomos de prata adicionados à solução depositada induz a sua coalescência e, consequentemente, a formação de grãos de maiores dimensões. Este facto é confirmado pela medição do RMS, que mostrou uma diminuição considerável para as películas finas de SnS dopadas com prata. Para as películas dopadas, foram observados cristalitos de forma esférica de diferentes tamanhos. No entanto, para as películas de SnS: Ag preparadas por evaporação térmica em vácuo, o RMS aumentou de 18,7 nm para 23,6 nm [6]. De forma semelhante, Devika et al. referiram que o RMS das películas finas de SnS:Ag elaboradas utilizando a técnica de evaporação térmica aumentou de 5,19 nm para 13,14 nm com o aumento do teor de Ag [5]. Foi encontrada uma tendência semelhante para as películas dopadas com ferro e gálio

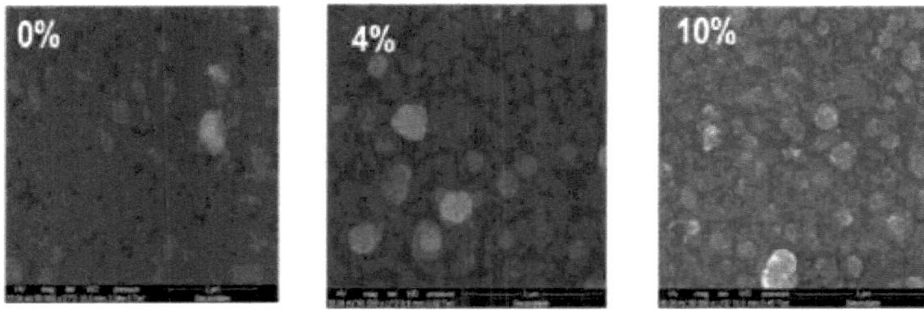

Fig.II-5: Topografia SEM do SnS dopado com prata cultivado em diferentes concentrações

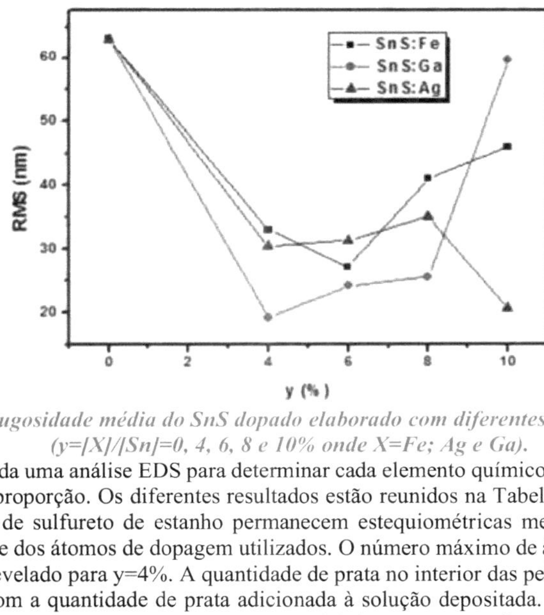

Fig.II-6: Rugosidade média do SnS dopado elaborado com diferentes concentrações (y=[X]/[Sn]=0, 4, 6, 8 e 10% onde X=Fe; Ag e Ga).

Foi efectuada uma análise EDS para determinar cada elemento químico presente nas películas com a respectiva proporção. Os diferentes resultados estão reunidos na Tabela II.1. Observa-se que as películas finas de sulfureto de estanho permanecem estequiométricas mesmo após dopagem e independentemente dos átomos de dopagem utilizados. O número máximo de átomos de prata obtido nas películas foi revelado para y=4%. A quantidade de prata no interior das películas foi muito baixa em comparação com a quantidade de prata adicionada à solução depositada. Isto pode dever-se ao facto de termos utilizado AgCl como sal na solução inicial, que tem uma dissociação parcial em água destilada. Para o resto da dopagem, os átomos de dopagem detectados no interior das películas continuam a ser tão baixos em comparação com a quantidade adicionada inicialmente, embora esta última estivesse totalmente dissolvida. Este facto pode ser explicado da seguinte forma: a desvantagem da técnica CBD resulta na formação do composto como uma fase sólida suspensa na solução, ou sedimentada no fundo da célula, ou depositada nas paredes da célula. Assim, os átomos dopantes podem existir na solução em suspensão ou depositados nas paredes celulares.

y=[Fe]/[Sn]	0	4	6	8	10
Sn(%)	47,83	50,94	49.31	50,64	50,32
S(%)	52,17	48,60	48.97	48,06	48,73
Fe(%)	0	0,46	1,71	1,30	0,95
Sn/S	0,91	1,04	1,01	1,05	1,03

y=[Ga]/[Sn]	0	4	6	8	10
Sn(%)	47,83	50,05	51,68	51,42	52,28
S(%)	52,17	49,67	47,76	47,28	46,64
Ga(%)	0	0,28	0,54	1,30	1,08
Sn/S	0,91	1,01	1,08	1,09	1,12
y=[Ag]/[Sn]	**0**	**4**	**6**	**8**	**10**
Sn(%)	47,83	50,13	52,92	52,87	55,43
S(%)	52,17	49,19	46,77	46,97	44,44
Ag(%)	0	0,68	0,31	0,16	0,13
Sn/S	0,91	1,02	1,13	1,12	1,24

Tabela.II-1: Análises EDS de películas finas de sulfureto de estanho dopado para diferentes concentrações

V. Propriedades ópticas:

Os espectros de transmissão de películas finas de sulfureto de estanho não dopadas e dopadas com prata com diferentes concentrações de prata (y=0, 4, 6, 8 e 10%) estão ilustrados na figura II.7. Para a taxa y<4%, observa-se o aparecimento de franjas de interferência juntamente com um comportamento oscilatório em comparação com os filmes não dopados. Este resultado confirma a homogeneidade e a suavidade da superfície dos filmes, tal como observado nas análises estruturais e morfológicas. Para além de 4 a %, foi revelado um declínio do número de oscilações, o que indica um comportamento de franjas achatadas acompanhado de um aumento da taxa de transmissão. Em correlação com as imagens SEM, pode deduzir-se que para y < 4%, a superfície era compacta com um tamanho de grão maior. Estes resultados podem explicar os fenómenos de interferência observados. De facto, o filme SnS: 4at% Ag apresenta a melhor cristalinidade com uma superfície compacta e homogénea. No entanto, para níveis de dopagem mais elevados, as películas finas tendem a ser amorfas, revelando assim a degradação da qualidade do cristal. Em seguida, a transmissão aumenta, uma vez que as películas se tornam mais transparentes, o que pode ser devido a uma espessura reduzida. Foi encontrado um comportamento semelhante para o sulfureto de estanho dopado com ferro e gálio.

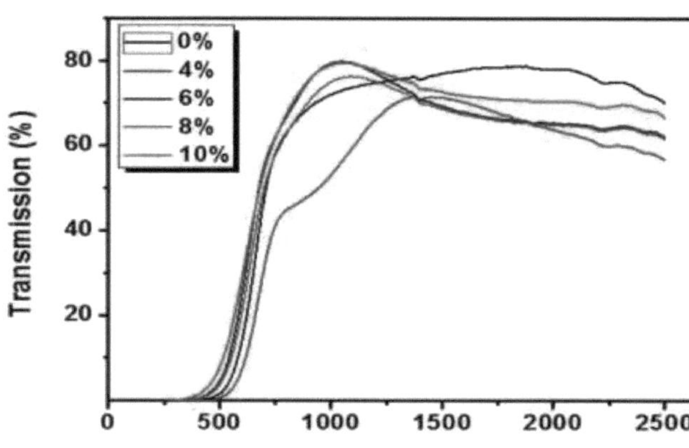

Fig.II-7: Espectros de transmissão de películas finas de SnS dopadas com prata

Como mostra a Fig. II.7, a película de SnS:4%Ag tem uma transmitância média baixa nas regiões visível e transparente, em comparação com a película fina não dopada. Foi também observada uma deslocação do limite de absorção, indicando uma variação na energia do intervalo de banda ótica, como se pode ver na Fig. II.8. A energia do intervalo de banda foi estimada usando a equação de Tauc, onde [3]:

$$(ah\nu) = B\,(h\nu - Eg)^n$$

Os valores de energia do intervalo de bandas das películas não dopadas e dopadas são apresentados na figura II.8. Pode deduzir-se que o intervalo de bandas ópticas diminui após a dopagem, em comparação com as películas não dopadas, independentemente dos átomos dopantes utilizados. No caso do sulfureto de estanho dopado, observou-se uma variação nos valores de Eg que pode ser atribuída ao defeito formado pela dopagem e cuja densidade está relacionada com a razão de dopagem.

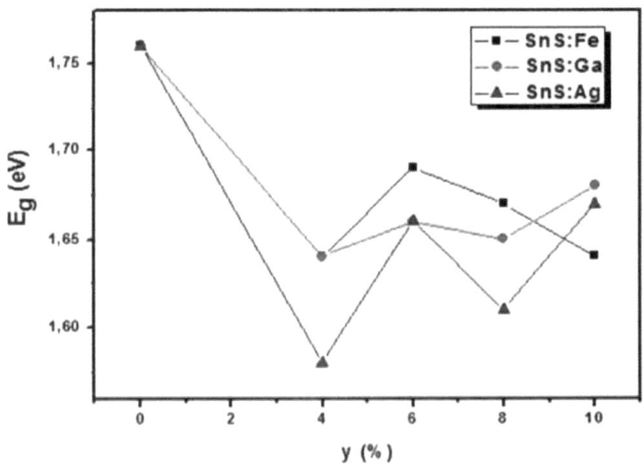

Fig.II-8: Energia de bandgap ótico do SnS dopado elaborado em diferentes concentrações (y=[X]/[Sn]=0, 4, 6, 8 e 10% onde X=Fe; Ag e Ga).

O valor mais baixo da energia de band gap foi obtido para SnS:4%Ag, que é da ordem de 1,57eV, correspondendo ao maior tamanho de grão. Este último valor está muito próximo do valor teórico ótimo para a conversão de energia solar em energia eléctrica [13]. A diminuição do "band gap" pode dever-se ao aumento do tamanho do grão e à melhoria da qualidade do cristal, levando assim à redução dos limites de grão que actuam como centros de armadilha. De facto, os átomos dopantes podem formar um nível de dopagem próximo da banda de valência e, por conseguinte, reduzir o intervalo de banda. Resultados semelhantes foram obtidos por Khallaf et al., que mostraram que as películas finas de CdS dopadas com boro crescidas pela técnica CBD diminuíam o intervalo de banda ótica devido à presença de impurezas perto da banda de condução [14].

O método do envelope aplicado ao ótimo encontrado para cada dopagem é apresentado na fig. II.9. Este método consiste numa simulação teórica dos espectros experimentais. A sobreposição da transmissão experimental e teórica estabelece a validade do modelo. A constante ótica pode então ser determinada a partir deste método, utilizando as curvas de envelope de $T_{max}(X)$ e $T_{min}(X)$ na região de transparência. O fenómeno de interferência entre as frentes de onda geradas em duas interfaces (ar e substrato) define o comportamento sinusoidal das curvas de transmitância em função do comprimento de onda. As películas finas de SnS dopadas exibem um padrão de franjas de interferência no espetro de transmissão, revelando a superfície reflectora lisa da película e não há muita perda de dispersão na superfície. O bom estado da superfície e a homogeneidade da película foram confirmados pelo aparecimento de franjas de interferência nos espectros de transmissão. Mais pormenores em termos de equações do modelo são apresentados noutro local [15].

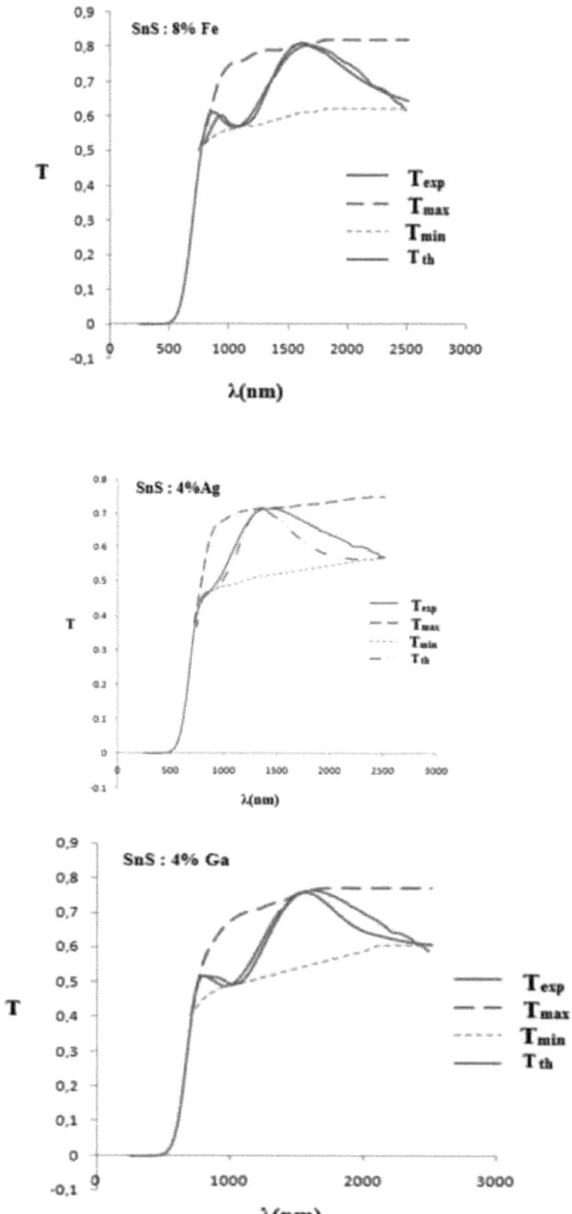

Fig.II-9: Simulação de espectros de transmissão teóricos utilizando o método de envelope de : SnS:8 a%Fe ; SnS:4 a%Ga e SnS:4 a%Ag

O índice de refração (n) e o coeficiente de extinção (k) em termos de comprimento de onda estão representados em fig.II.10. Jebali et al. [16] verificaram que as películas com menor porosidade apresentam uma densidade mais elevada, bem como um valor de índice de refração mais elevado. Trigo et al. [17] investigaram as diferenças físicas entre as películas finas de sulfureto de índio preparadas por CBD e as preparadas por técnicas PVD. Revelaram que o índice de refração das películas finas de CBD apresenta um valor mais baixo do que o das películas de PVD, o que foi atribuído à menor densidade das películas de CBD. Além disso, os autores referiram que os padrões de XRD das películas de CBD apresentam uma qualidade de cristal inferior à das películas de PVD, o que pode ser correlacionado com o maior número de defeitos de cristal nas películas de CBD. Do mesmo modo, no nosso caso, o valor mais elevado do índice de refração que obtivemos é atribuído à melhor qualidade do cristal.

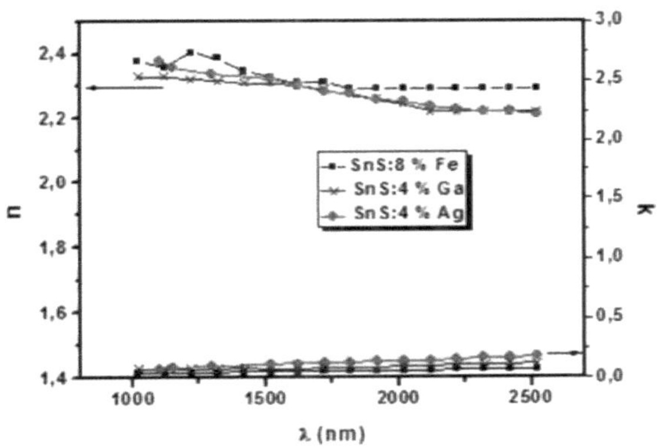

Fig.II-10: Índice de refração e coeficiente de extinção de : SnS:8 a%Fe ; SnS:4 at%Ga e SnS:4 at%Ag

No entanto, o baixo valor do coeficiente de extinção (k) observado na Fig. II.10 e que varia entre 0,1 e 0,2 indica uma película homogénea e uma superfície lisa com um valor RMS baixo, o que está de acordo com os resultados de SEM apresentados acima.

De acordo com esta simulação, nota-se que a espessura média teórica também pode ser extraída. A Tabela II.2 reúne as diferentes espessuras das películas dopadas simuladas. As espessuras obtidas estão de acordo com as medidas através das secções transversais do SEM.

Tabela II-2: Espessura determinada pelo método do envelope das películas finas SnS:8 a%Fe ; SnS:4 at%Ga e SnS:4 at%Ag

	SnS : 8% Fe	SnS : 4% Ga	SnS : 4% Ag
Espessura (nm)	360	310	280

As constantes de dispersão (Ed, Eo, Xo, So) foram determinadas usando o modelo de oscilador sugerido por Wemple Domineco et al. e Spitzer-Fan [18-19]. As equações aplicadas a estes modelos são as seguintes

$$n^2 - 1 = \frac{E_d E_0}{(E_0^2 - (\hbar w)^2}$$

em que Ed e Eo são, respetivamente, a dispersão e a energia do oscilador; s_∞ é a constante dieléctrica de alta frequência na ausência de qualquer contribuição de portadores livres, N/m* é a concentração de portadores em relação à massa efectiva, e é a carga eletrónica e c é a velocidade da luz.

As constantes 5_0 e A_o podem ser determinadas através da seguinte equação

$$\varepsilon_r = n^2 - k^2 = \varepsilon_\infty - \left(\frac{e^2}{\pi c^2}\right)\left(\frac{N}{m^*}\right)\lambda^2$$

A variação de $(n^2 - 1)^{-1}$ em função de $(h\nu)^2$ e£ r em função de№ são apresentadas, respetivamente, nas Fig. II.11 e II.12. Todos os resultados estão resumidos na Tabela II.3

$$\lambda_0 = \frac{hc}{E_0}$$

$$S_0 = \frac{E_0 E_d}{hc}$$

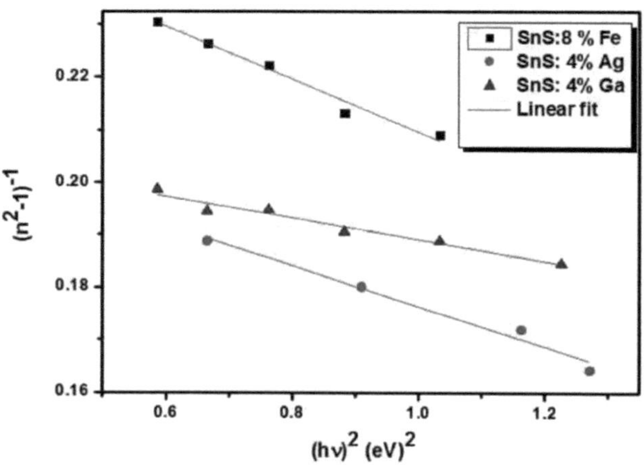

Fig.II-11: Variação de $(n^2 - 1)^{-1}$ em função de $(h\nu)^2$para : SnS:8 a%Fe ; SnS:4 at%Ga e SnS:4 at%Ag

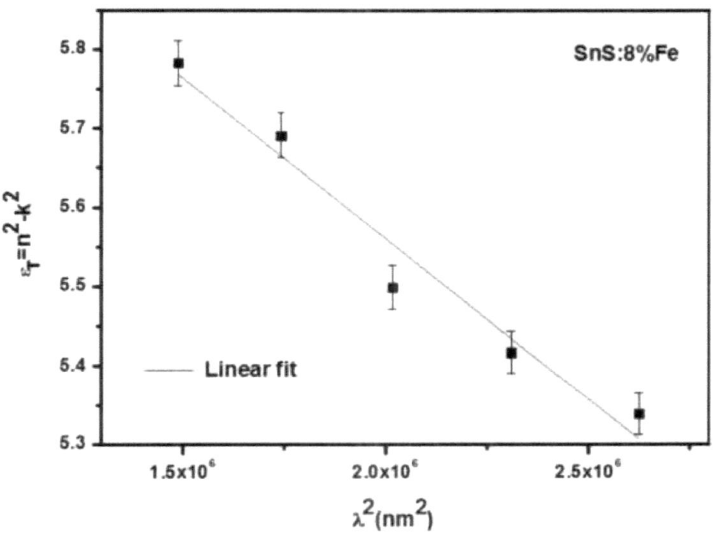
SnS:8%Fe
Linear fit
5.8
5.7
5.6
5.5
5.4
5.3
$\varepsilon_r=n^2-k^2$
1.5x10⁶
2.0x10⁶
2.5x10⁶
$\lambda^2(nm^2)$

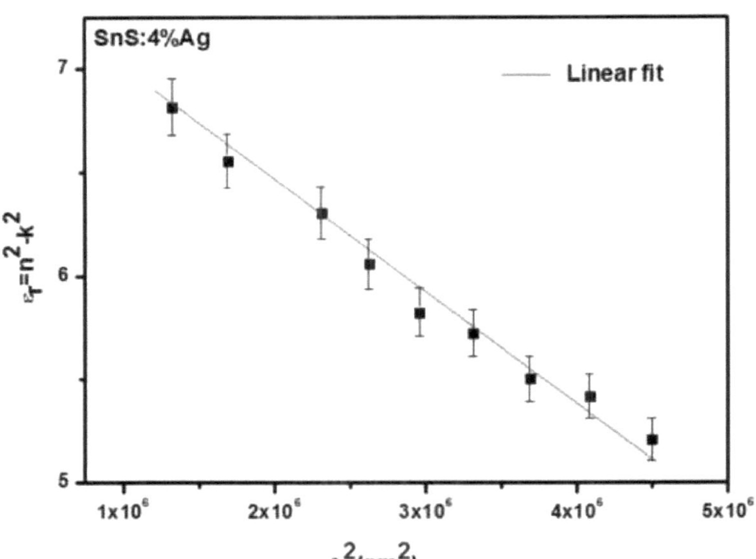
SnS:4%Ag
Linear fit
7
6
5
$\varepsilon_r=n^2-k^2$
1x10⁶
2x10⁶
3x10⁶
4x10⁶
5x10⁶
$\lambda^2(nm^2)$

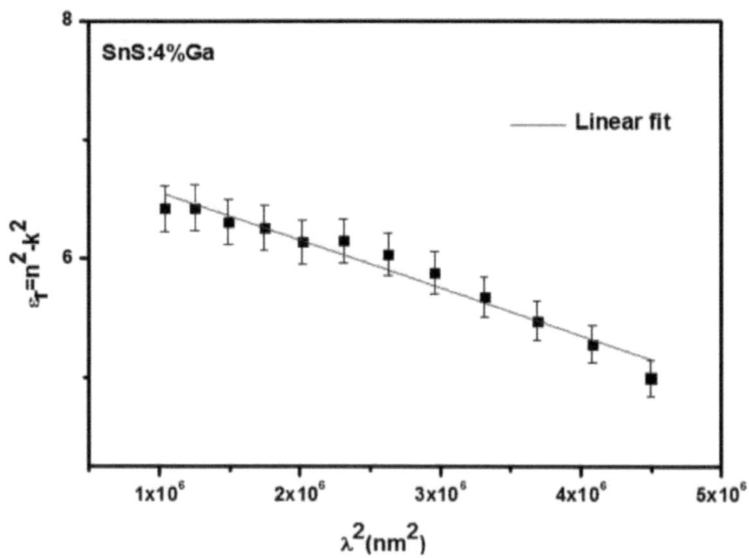

Fig.II-12: A variação de &■ em função de№ para : SnS:8 at%Fe ; SnS:4 at%Ga e SnS:4 at%Ag em filmes finos.

	Eo (eV)	Ed(eV)	ko(nm)	Então(1O-5nm-2)	^OT	(N/m*) ($10^{55}g^{-1}cm^{-3}$)
SnS : 8% Fe	2.23	8.94	556.05	1.29	6.37	4.40
SnS : 4% Ga	3.16	12.59	392.40	2.58	6.95	4.43
SnS : 4% Ag	2.64	15.81	469.69	2.71	7.55	6.00

Tabela II-3: Constantes ópticas determinadas a partir de Dominesco simples e Spitzer Fan para películas finas de SnS:8 a%Fe ; SnS:4 a%Ga e SnS:4 a%Ag

A variação de $(n^2 - 1)$-1 em função de $(hv)^2$ é uma reta linear cujo declive e interceção são respetivamente iguais a -1 / EoEd e Eo / Ed. Além disso, a variação de£ r em função de Z^2 é também uma reta linear cujo declive e interceção conduzem à extração de£$_{ro}$ e N/m*. Revela-se que E0=1,5Eg no caso das películas dopadas com ferro e prata, o que é semelhante ao encontrado para o sulfureto de estanho não dopado. No entanto, E0=2Eg para camadas dopadas com gálio.

VI. Propriedades eléctricas

VI.1: Películas finas de sulfureto de estanho dopado com ferro:

As curvas TSC de películas finas de sulfureto de estanho dopado com ferro para diferentes rácios de dopagem (y=0, 4, 6, 8 e 10%) são apresentadas na fig.II.13. Foi detectada uma grande saliência que se estende de 150 a 300 K para películas dopadas, independentemente dos átomos dopantes. A presença de muitas armadilhas localizadas aproximadamente nos mesmos níveis de energia pode ser a origem do aparecimento desta saliência. Além disso, esta saliência já está presente na curva TSC da película não dopada, o que indica que o Fe cria efetivamente um local de armadilhagem. Os átomos dopantes não levam ao aparecimento de novas armadilhas, uma vez que as películas não dopadas apresentam níveis de armadilha na mesma gama de temperaturas.

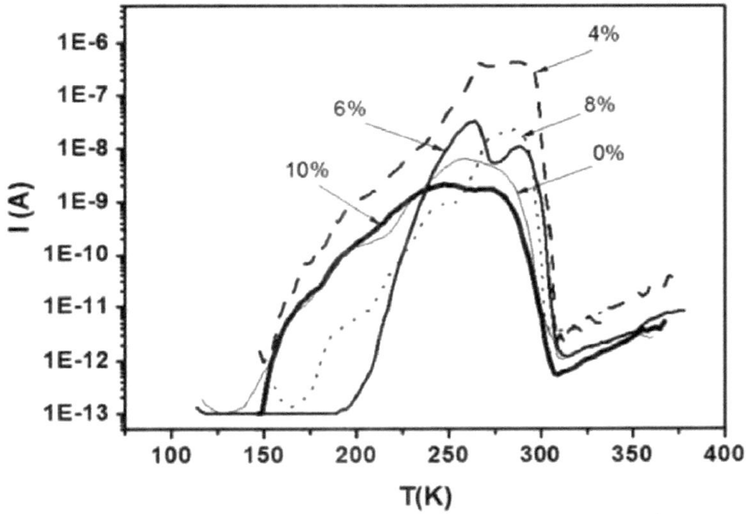

Fig.II-13: Curvas TSC de películas finas de SnS dopadas com ferro

A intensidade máxima do pico não se altera fortemente de uma amostra para outra, o que sugere que a densidade de armadilhas permanece aproximadamente a mesma, independentemente do valor de y. A partir da fig.II.13, nota-se que a intensidade máxima do pico de corrente para todas as amostras ocorre na mesma gama de temperaturas, na ordem dos ~260K, o que significa que existem as mesmas armadilhas e que estas são utilizadas para os processos de condução nas películas finas de SnS:Fe.

A elevada intensidade de corrente, próxima de 10^{6} A a T=260 K para SnS:4% Fe, pode estar relacionada com a presença de deslocações na rede cristalina, ou com a presença de átomos de ferro na rede de SnS, o que restringe o crescimento dos cristalitos. Assim, os átomos de ferro não ocupam os sítios apropriados dentro da matriz, o que induz estruturas deformadas.

Nas duas secções seguintes, deve notar-se a presença de níveis de armadilha com quase as mesmas energias de ativação para as películas dopadas com prata e gálio, indicando que os níveis de energia de armadilha se sobrepõem, resultando na banda larga em torno de T=270K, como observado nas camadas SnS:Fe.

VI.2: Películas finas de sulfureto de estanho dopado com prata:

A Fig. II.14 mostra os espectros TSC de películas finas de sulfureto de estanho para diferentes concentrações de prata (y=0, 4, 6 e 10%). Após a dopagem a uma taxa de y=4%, observou-se uma diminuição considerável da corrente de armadilha de 10^{-8} A para 10^{-11} A à temperatura ambiente para, respetivamente, películas finas de SnS não dopadas e dopadas a 4%.

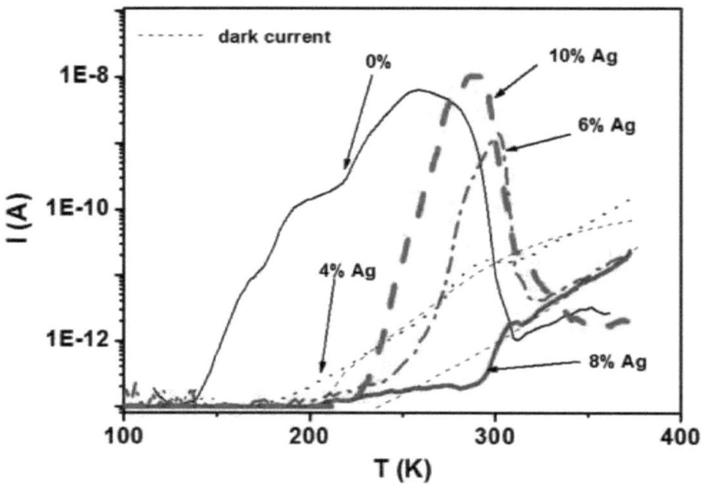

Fig.II-14: Curvas TSC de películas finas de SnS dopadas com prata

Não se registam alterações fundamentais na posição dos picos TSC à temperatura para os materiais dopados com ferro e prata. No entanto, verificou-se uma variação significativa da intensidade do pico TSC para y=4% Ag. De facto, foi detectada uma diminuição da intensidade do pico TSC em 2 décadas para películas finas de SnS dopadas com Ag (4%) em comparação com películas não dopadas a temperaturas entre 80 e 250K.

O efeito da dopagem é evidenciado pela melhoria da cristalinidade até um ponto ótimo que permite que as partículas cresçam mais. Por conseguinte, o aumento da qualidade dos cristais pode ser o resultado de uma diminuição da densidade de armadilhas, uma vez que a y=4%, por exemplo, no caso da dopagem com prata, foi observada uma redução drástica do pico TSC, seguida de um aumento da corrente escura de uma ordem de grandeza. Para a amostra com 4%Ag, a corrente de armadilha coincidiu com a de obscuridade, o que significa que a densidade de armadilha foi muito reduzida e as armadilhas tenderam a desaparecer. Assim, a corrente medida era a do escuro. Ao aumentar a concentração de prata na solução depositada, verificou-se um aumento significativo da corrente de armadilha, o que conduziu a uma maior densidade de armadilhas e, por conseguinte, a corrente medida foi a da armadilha. Para um aumento da concentração de prata na solução depositada, observou-se uma diminuição progressiva da corrente de escuro. É de notar que a intensidade dos picos dos filmes de SnS:Ag ocorreu à mesma temperatura, o que significa que a mesma armadilha foi responsável pelo processo de condução das camadas finas de SnS:Ag.

VI.3: Películas finas de sulfureto de estanho dopado com gálio:

A Fig. II.15 apresenta a intensidade da corrente termicamente estimulada (TSC) em função da temperatura, obtida para películas finas de SnS não dopadas e dopadas com Ga-. Ao introduzir gálio na solução inicial, foi detectado um desvio no máximo do pico da TSC. De facto, o pico TSC foi obtido a T=300K em vez de 270K, o que prova que outro centro de aprisionamento controla as propriedades eléctricas da película fina após a dopagem.

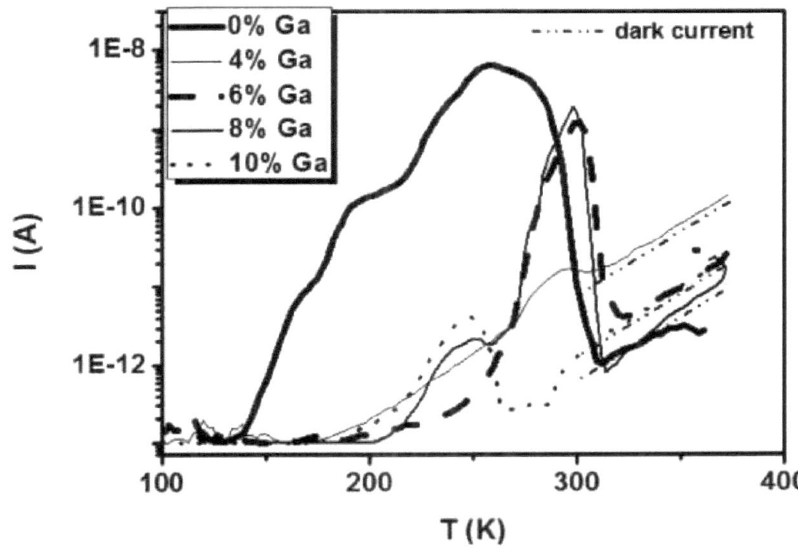

Fig.II-15: Curvas TSC de películas finas de SnS dopadas com gálio

Para a taxa mínima de dopagem (y=4%), observámos que o nível de armadilha estava parcialmente preenchido e que quase não havia diferença entre a corrente escura e o TSC. O aumento da quantidade de gálio (y=6%) fez com que o nível de armadilha fosse preenchido a 300K. De facto, foi observado um aumento de duas décadas na intensidade do pico TSC a 300K de 4% para 6%Ga. A corrente de condução, neste caso, foi dominada por cargas desarmadas. A TSC era muito mais elevada do que a corrente escura: duas ordens de grandeza por volta dos 300K. Para y=8%, o mesmo pico de TSC continua a verificar-se à temperatura ambiente e com uma intensidade igual à de y=6%, o que prova a existência do mesmo nível de armadilha com a mesma densidade de enchimento. Além disso, para y=8%, observa-se o aparecimento de um segundo nível de armadilha localizado a T=270K com intensidade inferior à do primeiro nível de armadilha. No nível de dopagem mais elevado (y=10%), o nível de armadilha localizado a T=300K desapareceu; no entanto, a armadilha posicionada a 270K manteve-se.

A partir das curvas TSC, é óbvio que a intensidade da corrente escura tem o valor mais elevado para y=4%Ga. Este facto pode ser correlacionado com um mínimo de resistividade, explicado da seguinte forma:

A dopagem com gálio aumenta a condutividade devido ao aumento da concentração de portadores. No entanto, depois de atingir 4% de Ga, a corrente escura volta a diminuir. Este facto está correlacionado com um "excesso" de Ga que resulta numa diminuição da concentração de portadores, bem como num aumento da resistividade. De facto, um excesso de Ga forma aglomerados não condutores nas películas, causando desordem cristalina que actua como armadilha de portadores. Resultados semelhantes foram obtidos por Mamoud et al. para películas finas de ZnO dopadas com alumínio preparadas pela técnica de pirólise por pulverização [20]. Por conseguinte, parece que uma concentração de dopagem de Ga de 4% no banho é o máximo recomendado para otimizar as propriedades eléctricas.

VI .4: Energias de ativação:

As energias de ativação foram determinadas utilizando gráficos de Arrhenius, como se mostra na fig. II.16 para camadas finas de SnS dopadas com ferro.

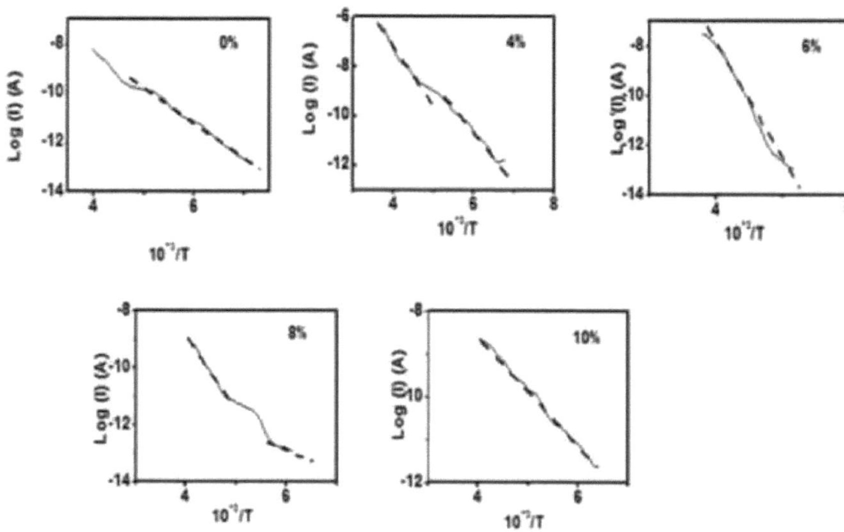

Fig.II-16: Gráfico de Arrhenius das películas finas de SnS dopadas com ferro preparadas a diferentes concentrações

As energias de ativação de todas as películas dopadas são apresentadas na Tabela II.4.

	Ea(eV)		
Rácio de dopagem	**SnS : Fe**	**SnS : Ga**	**SnS : Ag**
0%	0.28	0.28	0.28
4%	0.5 0.4	2.14	0.18
6%	0.94	1.38	1.32
8%	0.55 0.16	1.28 0.36	
10%	0.25	0.38	1.11

Tabela II-4: Energias de ativação de películas finas de SnS dopadas

É interessante notar que, para y = 4% Fe e 8% Fe, obtemos pelo menos dois valores da energia de ativação, o que sugere a existência de várias armadilhas. A corrente TSC calculada tem um comportamento dominado pelos níveis de armadilha, mas quer a densidade de armadilhas quer a energia de ativação não se alteram em função da dopagem. No caso do dopado com ferro, a corrente escura é muito baixa, 10^{-12} A a 300 K, e não varia com a razão y. A intensidade da corrente TSC relativamente elevada (cerca de 10^{-6} A a 260 K), medida em películas finas de SnS 4% Fe, pode estar relacionada com a presença de deslocações na rede cristalina, ou com a presença de átomos de ferro na matriz de SnS, que impedem o crescimento dos cristalitos e, se não ocuparem os sítios dentro da rede cristalina do sulfureto de estanho, formam assim estruturas deformadas.

Não podemos atribuir a origem do nível de armadilha presente no material hospedeiro aos elementos dopantes, uma vez que as películas finas de sulfureto de estanho não dopado também apresentaram armadilhas. No entanto, presume-se que os átomos dopantes foram capazes de deslocar o nível de armadilha.

Sajeeh et al. discutiram a origem dos níveis de defeito em películas pulverizadas de SnS utilizando medições de fotoluminescência [21]. É comumente conhecido que o nível de aceitador está localizado em 0,22 eV, o que pode ser atribuído às vacâncias de Sn. Os autores revelaram que o nível doador pode ser criado devido à presença de vacâncias de enxofre ou à existência de dois estados ionizados de estanho (Sn^{2+} e Sn^{4+}). Além disso, identificaram um nível de armadilha devido à contaminação por oxigénio posicionado em sítios intersticiais ou em sítios vagos da rede, uma vez que foi detectada uma emissão a 0,75 eV. Este nível foi considerado como sendo a transição da banda de condução para a armadilha criada pela contaminação por oxigénio, que pode ocupar o nível de defeito presente na rede hospedeira (rede intersticial ou vaga).

As películas finas de SnS dopadas a baixa concentração promovem a coalescência entre grãos durante o processo de crescimento, uma vez que foi observado um aumento do tamanho do grão. Consequentemente, a expansão do tamanho do grão pode reduzir a dispersão dos portadores de carga nos limites do grão e, assim, melhorar a eficiência das células solares [22]. Por outro lado, foi detectado um aumento da corrente escura de uma ordem de grandeza em comparação com as películas finas não dopadas, por exemplo, para y=4%Ag. Além disso, os espectros de transmissão revelaram, para uma baixa concentração de dopagem, o aparecimento de franjas de interferência nas películas dopadas, indicando a homogeneidade e a superfície lisa das películas obtidas.

VII . Conclusão:

Neste capítulo, relatamos o efeito da dopagem nas propriedades físicas do sulfureto de estanho preparado pela técnica CBD. A dopagem foi realizada durante o processo de crescimento, adicionando uma concentração relativa das soluções aquosas contendo iões dopantes. As propriedades físicas foram investigadas por XRD, AFM, SEM, espetrofotómetro e análises TSC. A caraterização experimental indica que os átomos dopantes desempenham um papel importante nas propriedades físicas. Não foram detectadas fases secundárias após a dopagem. A concentração do teor de átomos dopantes não afecta a direção de crescimento, mas ajuda o crescimento do grão até uma concentração óptima. O valor médio da rugosidade da superfície foi significativamente reduzido nas películas dopadas, o que está correlacionado com as propriedades ópticas que revelam o aparecimento de franjas de interferência. As curvas TSC revelaram que a intensidade dos picos das películas dopadas ocorreu à mesma temperatura, o que significa que a mesma armadilha é responsável pelo processo de condução das camadas finas de SnS dopadas. Os processos de condução observados não estão relacionados com o efeito de dopagem. A otimização das propriedades das películas finas e, em particular, da resistividade, através de um tratamento térmico adequado em atmosfera controlada de azoto, será o tema do próximo capítulo.

Capítulo III:

Efeito do tratamento térmico nas propriedades físicas das películas finas de sulfureto de estanho (II)

RESUMO

Para melhorar o desempenho elétrico das películas finas de SnS, o efeito de recozimento sob atmosfera de azoto foi efectuado em películas com propriedades físicas optimizadas através de elementos dopantes apropriados: SnS não dopado, SnS:4%Ga, SnS:4%Ag e SnS:8%Fe. As temperaturas de recozimento situam-se entre os 200 e os 600°C, com uma variação de 100° por passo. O processo de recozimento consiste numa subida em 5 minutos, seguida de um patamar de 20 minutos e uma descida de 5 minutos. Todos os filmes recozidos foram estudados por meio de análise XRD, SEM e espetrofotómetro. Além disso, a resistividade foi estudada em função da temperatura por meio de medições TSC.

I. Introdução:

No capítulo anterior, a técnica CBD foi utilizada para otimizar os parâmetros de crescimento de películas finas de sulfureto de estanho dopadas com ferro, prata e gálio. O processo de dopagem foi realizado com o objetivo de melhorar as propriedades eléctricas deste composto, mas parece que as películas dopadas permanecem resistivas. Espera-se, portanto, que o recozimento diminua a resistividade das películas finas de SnS dopadas e não dopadas.

O processo de recozimento foi efectuado sob atmosfera de azoto a temperaturas que variam entre 200°C e 600°C, em passos de 100°C. O protocolo de recozimento consiste numa subida em 5 minutos, seguida de um patamar de 20 minutos e de uma descida de 5 minutos. O recozimento foi realizado utilizando o sistema de comércio Jet First Processor composto por um pino de quartzo, um suporte de amostra de grafite, um termopar, lâmpadas de halogéneo, uma bomba primária, uma purga de N2 e uma janela de quartzo. O ar comprimido é utilizado para arrefecer a amostra. O sistema foi concebido para eliminar qualquer impureza que, na melhor das hipóteses, reaja sobre as amostras.

O processo de recozimento foi efectuado em películas finas optimizadas de sulfureto de estanho: SnS:0%, SnS:4%Ga, SnS:4%Ag e SnS:8%Fe.

II. Propriedades estruturais:

Os padrões XRD de SnS:0%, SnS:4%Ga, SnS:4%Ag e SnS:8%Fe recozidos em função da temperatura de recozimento são apresentados na fig. III.1. Este processo de recozimento afectou significativamente as suas propriedades estruturais. Como discutido no capítulo anterior, o sulfureto de estanho pertence à estrutura do sal-rocha (RS) com uma orientação preferencial ao longo dos planos (111) e (200). Também exibe uma orientação de pico baixa (040) em relação à fase ortorrômbica (OR)

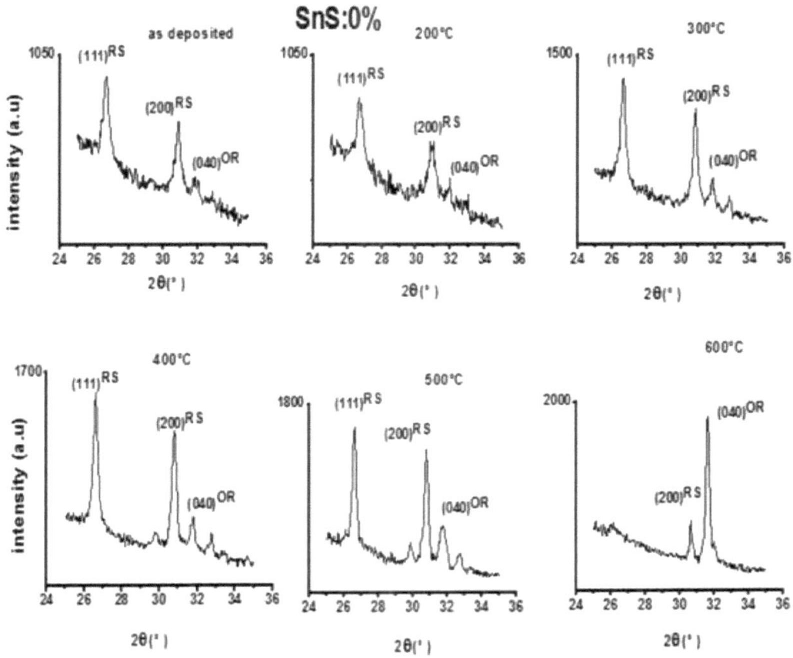
SnS:0%
as deposited
200°C
300°C
400°C
500°C
600°C
intensity (a.u)
2θ(°)
(111)RS
(200)RS
(040)OR

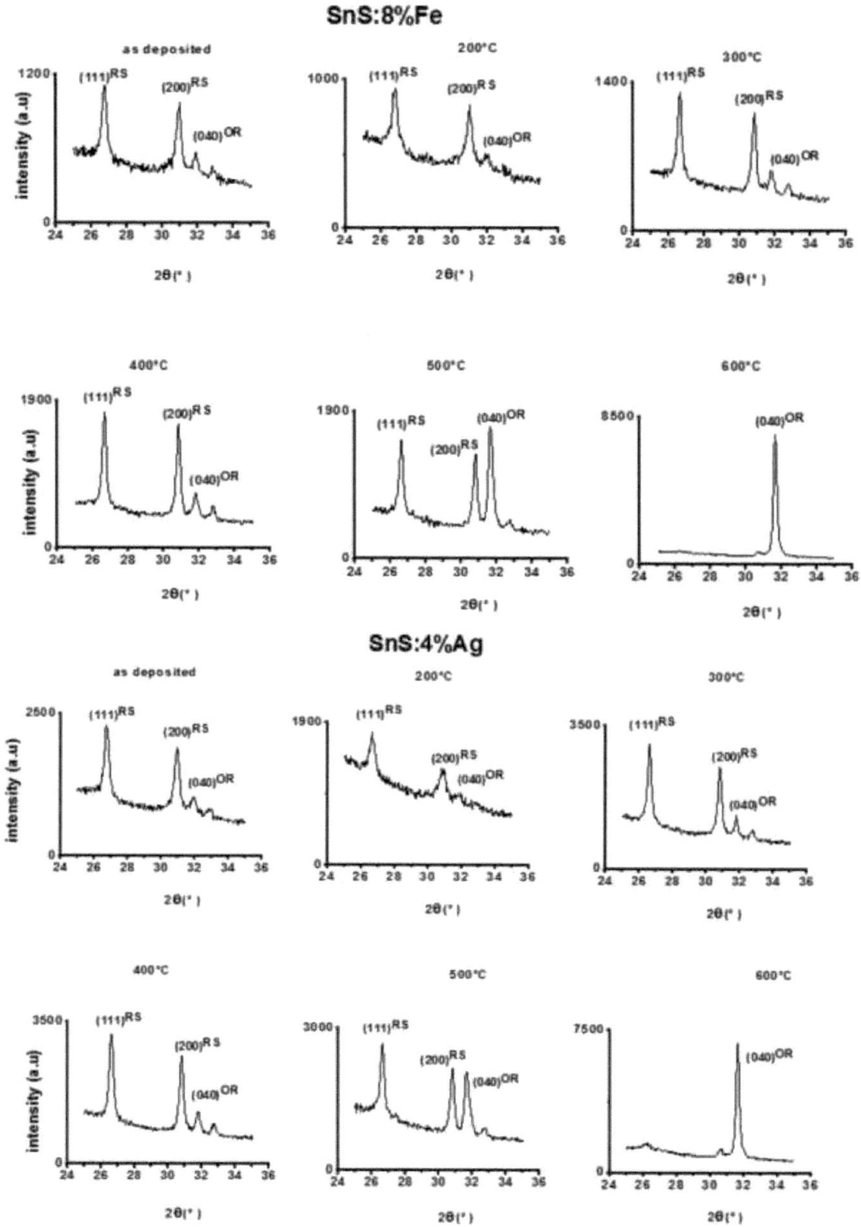
SnS:8%Fe
as deposited
200°C
300°C
400°C
500°C
600°C
intensity (a.u)
2θ(°)
(111)RS
(200)RS
(040)OR
SnS:4%Ag
as deposited
200°C
300°C
400°C
500°C
600°C
intensity (a.u)
2θ(°)
(111)RS
(200)RS
(040)OR

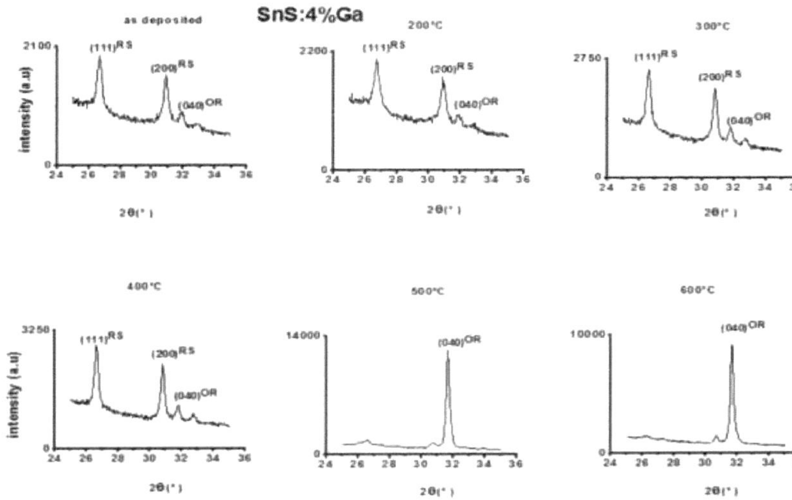

Fig.III-1: Padrões de XRD de SnS :0%, SnS :8%Fe , SnS :4%Ag e SnS :4%Ga recozidos a diferentes temperaturas

O difractograma XRD mostra uma baixa intensidade devido ao fraco desenvolvimento da estrutura cristalina da película de SnS. À medida que se aumenta a temperatura de recozimento, verifica-se uma melhoria da cristalização, evidenciada por um aumento gradual da intensidade dos picos de difração. Até T = 500 ° C, nota-se a coexistência de duas fases RS e OR. Embora a fase OR exista, a fase RS domina a estrutura do filme. A T=500°C, nota-se um aumento acentuado da intensidade do pico (040) da fase OR, enquanto que os picos correspondentes à estrutura RS diminuem. Aqui, concluímos que a transição de RS para OR ocorreu por volta de 500°C. Para além dos 500 °C, há um crescimento significativo do pico (040) pertencente à variedade OR, seguido de uma diminuição significativa das intensidades dos picos (111) e (200) relacionados com a fase RS. A intensidade máxima do pico (040) é obtida a T = 600 ° C. Assim, a esta temperatura de recozimento (600 ° C) ocorreu um rearranjo de átomos na rede cristalina e o material torna-se cristalizado na estrutura OR com um (040) como orientação preferencial [1, 2].

Também se pode observar que os padrões de difração dos filmes recozidos não mostram o aparecimento de fases secundárias, o que nos permite concluir que o recozimento influencia significativamente a cristalinidade sem alterar a composição química.

Uma alteração semelhante foi observada em películas finas de sulfureto de índio depositadas quimicamente e evaporadas. Os autores relataram uma mudança de estrutura de cúbica para tetragonal para o composto In2S3 recozido [3, 4]. Além disso, Khallaf encontrou também uma transição da fase hexagonal para a fase cúbica em películas finas de CdS:Ga recozidas a 300 °C [5].

No entanto, é revelado que a temperatura na qual a mudança de estrutura ocorreu difere de uma amostra para outra. De facto, é igual a 600 °C para SnS não dopado e dopado com prata e igual a 500 °C para películas finas de SnS dopadas com ferro e gálio. Assim, pode assumir-se que a alteração estrutural está relacionada com o material, enquanto a temperatura a que esta alteração ocorre está relacionada com a natureza da dopagem.

A melhoria da qualidade do cristal foi também confirmada pelo crescimento significativo do tamanho do grão. Este último parâmetro foi calculado de acordo com a fórmula de Debye Scherrer e utilizando os planos (111) e (040) correspondentes, respetivamente, às estruturas RS e OR. Os valores do tamanho de grão das diferentes películas são apresentados na fig.III.2.

Verifica-se um aumento notável do tamanho do grão em função da temperatura de recozimento em

ambas as direcções $(111)^{RS}$ e $(040)^{OR}$ para todas as películas. A expansão do tamanho de grão em função do tratamento térmico pode ser atribuída à recristalização parcial e à aglomeração de nanocristalitos compactados, como pode ser visto nos padrões de XRD. Por conseguinte, o recozimento é benéfico para o crescimento do grão, o que, em última análise, resulta numa melhor cristalinidade. *A* variação conspícua dos tamanhos de grão relacionados com a estrutura RS e observada para as diferentes camadas recozidas a 500 °C realça o efeito dos átomos dopantes na cristalização durante o recozimento.
Karaagac et al. atribuíram a variação do tamanho de grão com a temperatura de recozimento à modificação estrutural induzida pelo tratamento de recozimento [6]. Também referiram que o aumento do tamanho do grão se deve provavelmente à formação de centros de nucleação ou a modificações dos núcleos a diferentes temperaturas.

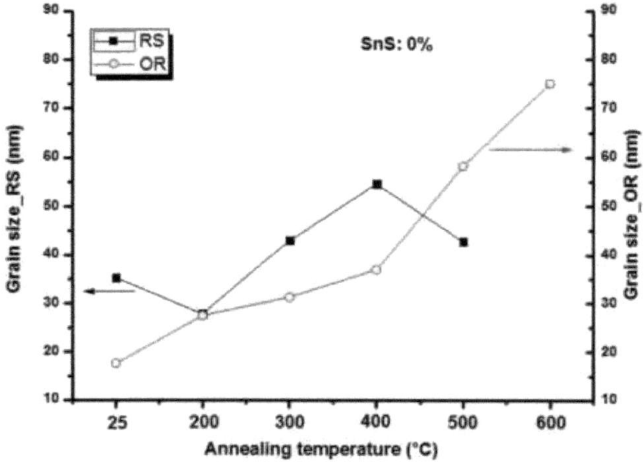

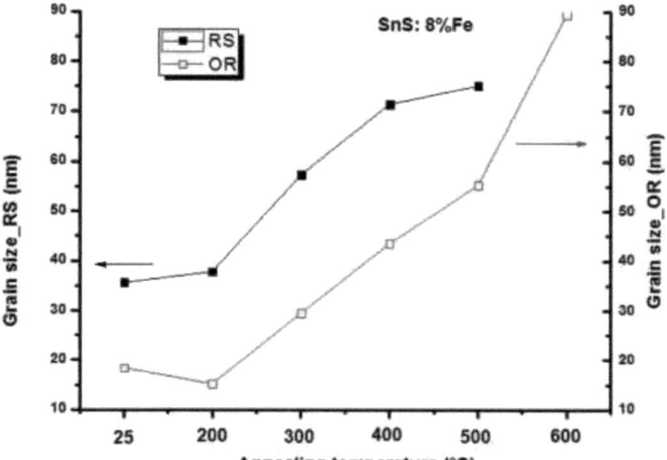

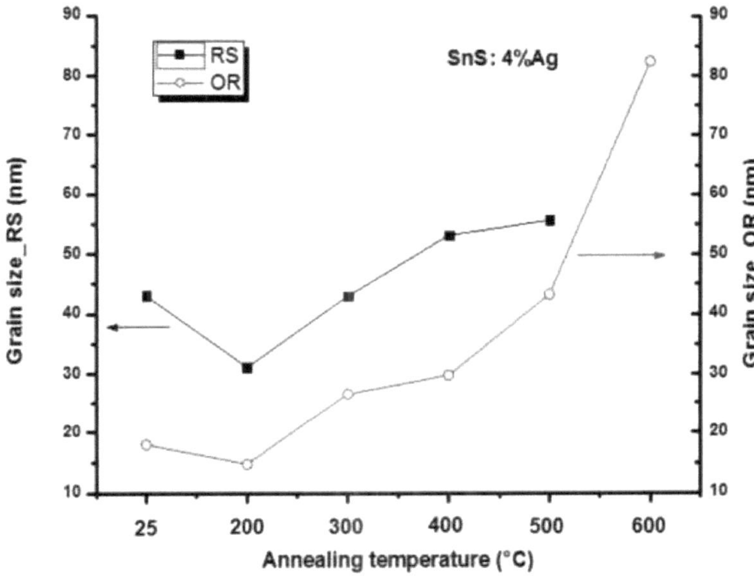

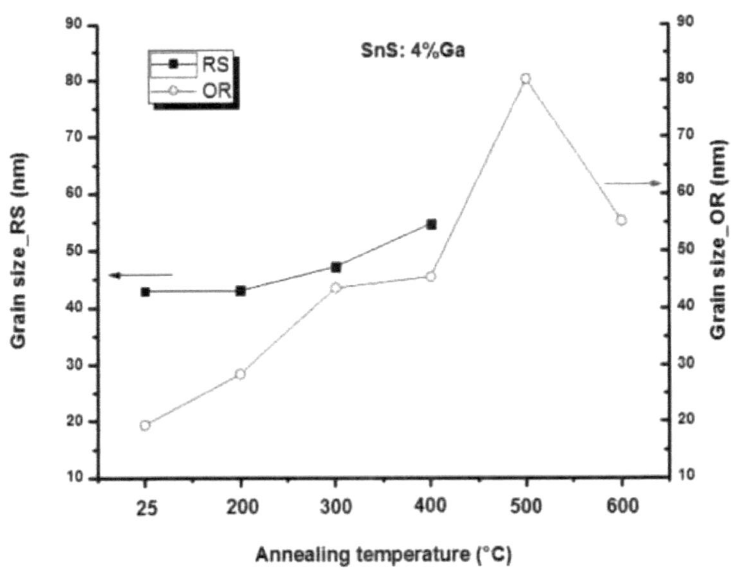

Fig.III-2: Tamanho de grão de SnS :0%, SnS :8%Fe , SnS :4%Ag e SnS :4%Ga recozidos a diferentes temperaturas

A T=600°C e para películas finas de SnS:Ga, a estrutura permaneceu OR mas a intensidade da orientação preferencial diminuiu, indicando uma ligeira degradação da cristalinidade da película. A diminuição do tamanho do grão de 85 para 55 nm para SnS:Ga recozido a 500 e 600°C, respetivamente, pode estar relacionada com a deterioração da cristalinidade [2].

III. Propriedades morfológicas

A análise morfológica da superfície foi efectuada primeiro por SEM. A Fig.III.3 apresenta as imagens da topografia da superfície da película fina de SnS8% para diferentes temperaturas de recozimento. Verifica-se que a morfologia da superfície das amostras é afetada pela temperatura de recozimento. Esta película apresenta uma distribuição irregular de grãos com a presença de aglomerados (clusters) sobre a superfície. Toda a superfície do substrato é ainda coberta. É mostrada uma superfície lisa e contínua da película fina de SnS, juntamente com a presença de aglomerados com densidade, tamanho e forma diferentes, dependendo da temperatura de recozimento.

Foi detectada uma diminuição da densidade dos aglomerados nas películas recozidas a T = 400°C. De facto, observa-se para T = 200°C, aglomerados de diferentes tamanhos distribuídos por toda a superfície da amostra. Ao aumentar a temperatura de recozimento (T = 300°C), parece produzir-se uma fragmentação do aglomerado com formas irregulares. A T = 400°C, a superfície da película torna-se mais uniforme e lisa com a presença de aglomerados esféricos que tendem a desaparecer quando a temperatura de recozimento aumenta. Por conseguinte, deve ser revelado que alguns dos aglomerados coalescem, formando aglomerados maiores com distribuição espacial irregular na fase inicial do recozimento, ou seja, a 200°C. No entanto, a superfície torna-se mais lisa, acompanhada de uma distribuição espacial mais uniforme dos aglomerados com o aumento da temperatura de recozimento. Uma redução *das* lacunas entre os cristalitos foi observada após o recozimento. A microestrutura revelou que o recozimento melhorou a conetividade intergrãos dos filmes de SnS [7].

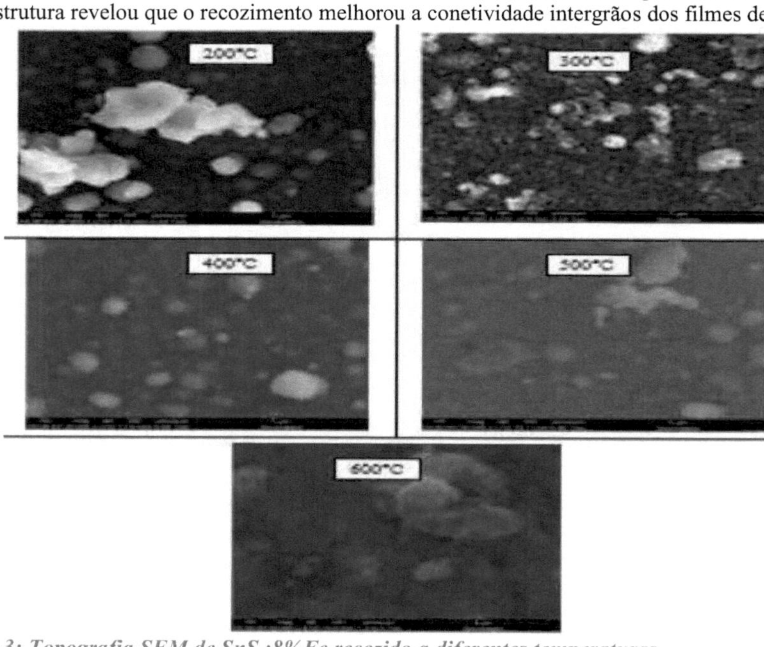

Fig.III-3: Topografia SEM de SnS :8%Fe recozido a diferentes temperaturas

Resultados semelhantes foram também observados para o SnS recozido no vácuo [8,9]. Foi observada uma mudança gradual no crescimento de aglomerados de ilhas isoladas para aglomerados densamente compactados, levando a um material compacto e, portanto, a um aumento significativo no tamanho do grão.

As alterações observadas na morfologia da superfície das películas finas de sulfureto de estanho podem ser entendidas em termos dos conceitos de temperatura de Huttig e Tamman, da seguinte forma: quando a temperatura de recozimento atinge a temperatura de Huttig, ou seja, 300°C no caso do SnS, os átomos migram através da superfície. Esta é a razão para o aparecimento de aglomerados maiores. No entanto, para uma temperatura de recozimento de 500°C, que é a temperatura de Tamman no caso do SnS, os aglomerados fragmentam-se. Esta pode ser a razão para uma película lisa obtida após recozimento acima de 500°C [10].
Os valores médios de RMS foram extraídos através de medições AFM e os diferentes valores para películas de SnS recozidas dopadas e não dopadas estão resumidos na fig.III.4. As linhas que ligam os vários pontos de rugosidade RMS em função das temperaturas de recozimento para uma única amostra são utilizadas como "guia para o olho". Não existe um modelo que relacione os diferentes valores de rugosidade. Observa-se, por um lado, que a rugosidade diminui de forma irregular em função da temperatura de recozimento. Esta diminuição pode ser devida aos efeitos combinados da supressão de aglomerados na superfície [9] e da difusão de pequenas quantidades de material da superfície para o interior da película durante o processo de recozimento [11].

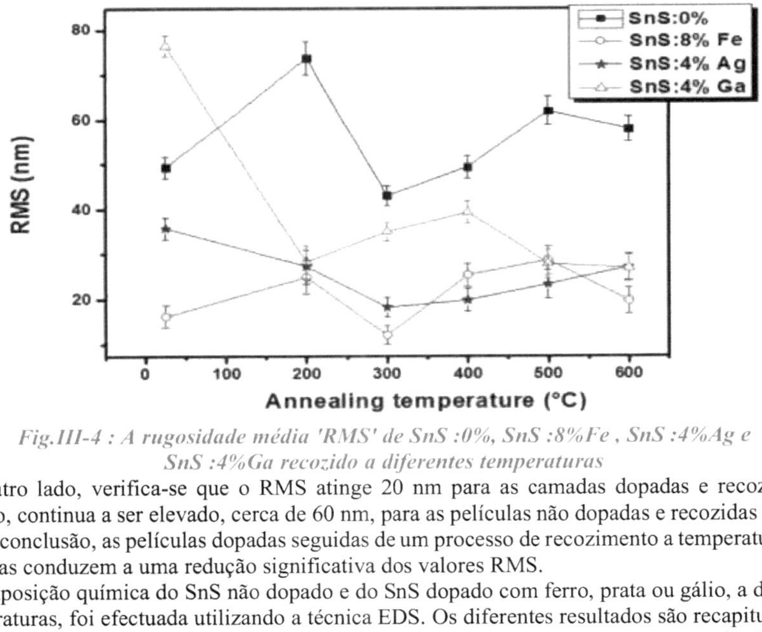

Fig.III-4 : A rugosidade média 'RMS' de SnS :0%, SnS :8%Fe , SnS :4%Ag e SnS :4%Ga recozido a diferentes temperaturas

Por outro lado, verifica-se que o RMS atinge 20 nm para as camadas dopadas e recozidas; no entanto, continua a ser elevado, cerca de 60 nm, para as películas não dopadas e recozidas a 600°C. Como conclusão, as películas dopadas seguidas de um processo de recozimento a temperaturas mais elevadas conduzem a uma redução significativa dos valores RMS.
A composição química do SnS não dopado e do SnS dopado com ferro, prata ou gálio, a diferentes temperaturas, foi efectuada utilizando a técnica EDS. Os diferentes resultados são recapitulados na tabela III.1. Com base nestes resultados experimentais, verificamos que a razão atómica [Sn] / [S] é quase sempre constante e próxima da razão teórica de cerca de 1, independentemente dos átomos dopantes. Observamos também que a taxa de enxofre permanece quase constante, o que prova que não há evaporação de enxofre durante o tratamento térmico. Isto pode dever-se à natureza do gás utilizado durante o recozimento (neste caso, o azoto). De facto, de acordo com a literatura, o árgon pode levar à evaporação do enxofre [12].

SnS : 0%

	Como depositado	200°C	300°C	400°C	500°C	600°C
Sn	51.81	52.57	51.61	51.01	51.31	52.55

S	48.19	47.43	48.39	49.92	48.69	47.45
[Sn]/[S]	1.07	1.10	1.06	1.02	1.05	1.10

SnS : 8%Fe

	Como depositado	**200°C**	**300°C**	**400°C**	**500°C**	**600°C**
Sn	50.03	49.30	49.92	49.77	49.83	50.21
S	49.41	50.07	48.20	49.35	49.43	48.51
Fe	0.57	0.62	0.59	0.88	0.73	1.28
[Fe]/[Sn]	1.13	1.25	1.18	1.76	1.46	2.54
[Sn]/[S]	1.01	0.98	1.03	1.00	1.01	1.03

SnS : 4%Ag

	Como depositado	**200°C**	**300°C**	**400°C**	**500°C**	**600°C**
Sn	49.54	50.25	51.23	51,36	51.98	51,48
S	50.19	49.41	48.57	48.50	47.85	48.32
Ag	0.27	0.34	0.2	0..14	0.17	0.20
[Ag]/[Sn]	0.54	0.67	0.39	0.27	0.32	0.38
[Sn]/[S]	0.99	1.02	1.05	1.06	1.08	1.06

SnS : 4%Ga

	Como depositado	**200°C**	**300°C**	**400°C**	**500°C**	**600°C**
Sn	50.38	50.73	51.41	51.52	50.78	50.48
S	49.32	49.08	48.25	48.34	49.03	49.32
Ga	0.30	0.20	0.34	0.13	0.19	0.20
[Ga]/[Sn]	0.60	0.40	0.67	0.25	0.37	0.40
[Sn]/[S]	1.02	1.03	1.06	1.06	1.03	1.02

Quadro III-1: Composição química determinada a partir de medições EDS de SnS :0%, SnS :8%Fe , SnS :4%Ag e SnS :4%Ga recozidos a diferentes temperaturas

IV. Propriedades ópticas:

Os espectros de transmissão das películas de estanho SnS: 8% Fe para diferentes temperaturas de recozimento são apresentados na fig.III.5. Nota-se, na região de forte absorção, uma deslocação da frente de absorção para comprimentos de onda crescentes com a temperatura de recozimento. Esta constatação foi também observada noutras películas de SnS não dopadas, bem como nas películas dopadas com prata e gálio. Além disso, há um desaparecimento das franjas de interferência a T = 600 ° C. Este fenómeno também foi observado para filmes finos de SnS recozidos sob atmosfera de árgon [12].

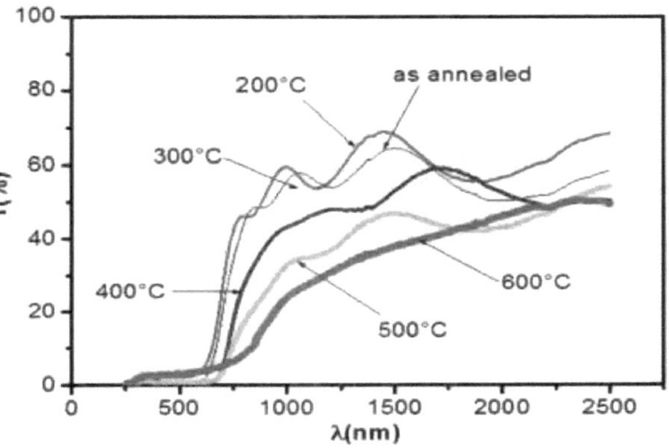

Fig.III-5: Espectros de transmissão de SnS :0%, SnS :8%Fe , SnS :4%Ag e SnS :4%Ga recozido a diferentes temperaturas

Na fig.III.6, apresentamos os valores de transmissão para um único comprimento de onda (1 = 750 nm correspondente ao comprimento de onda de absorção do material SnS) em função da temperatura de recozimento para as diferentes camadas: não dopadas e dopadas com ferro, prata e gálio. Pode ver-se claramente uma diminuição drástica do rácio de transmissão em função da temperatura de recozimento. De facto, por exemplo, no caso das películas de estanho SnS: 8% Fe, verificou-se que a transmissão variava entre 42% e 25% para as películas depositadas e recozidas a 400 °C, respetivamente. O valor mínimo da transmissão da ordem dos 6% é atingido para películas finas recozidas a 600°C. Estes resultados podem ser correlacionados com a mudança de estrutura de RS para OR, como descrito acima na secção de estudo cristalográfico.

Estes resultados estão de acordo com os obtidos por M.Patel et al. De facto, os autores referiram que o recozimento durante 30 minutos até 500°C sob uma corrente de árgon reduziu a taxa de transmissão da película fina de SnS pulverizada [7].

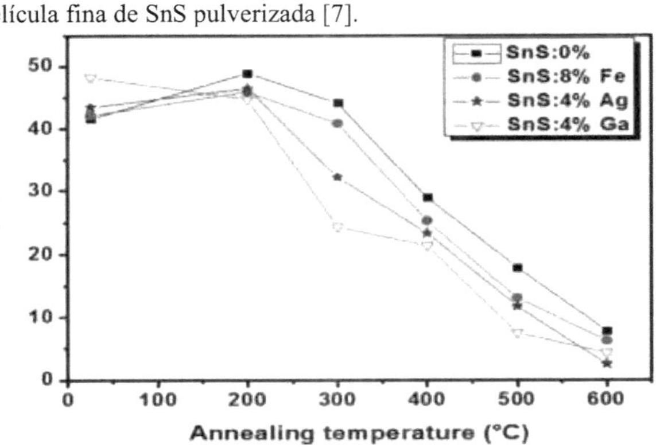

Fig.III-6: Transmissão para um único comprimento de onda (U=750nm) de SnS :0%, SnS :8%Fe, SnS :4%Ag e SnS :4%Ga recozidos a diferentes temperaturas

Além disso, podemos explicar a redução da transmissão com o aumento da temperatura de recozimento pelo facto de a película fina de SnS se tornar mais compacta e, portanto, menos transparente à medida que a temperatura de recozimento aumenta. De facto, antes do tratamento térmico, o SnS depositado pode ser modelado por um meio eficaz constituído por uma matriz de SnS e inclusões de ar, de acordo com a teoria de Bruggeman. O aumento da temperatura térmica leva a uma fuga de inclusões de ar e, em seguida, a película torna-se mais compacta e, portanto, menos transparente.

A Fig. III.7 mostra a variação de $(ahv)^{2/3}$ em função da energia dos fotões (hv) do SnS:8%Fe recozido a diferentes temperaturas de recozimento. A energia de banda Eg é então extraída de acordo com a extrapolação e resumida na fig.8. É notória uma diminuição dos valores de Eg em função da temperatura de recozimento e independentemente da dopagem efectuada. Esta diminuição pode ser explicada pelo aumento do tamanho do grão, tal como descrito anteriormente.

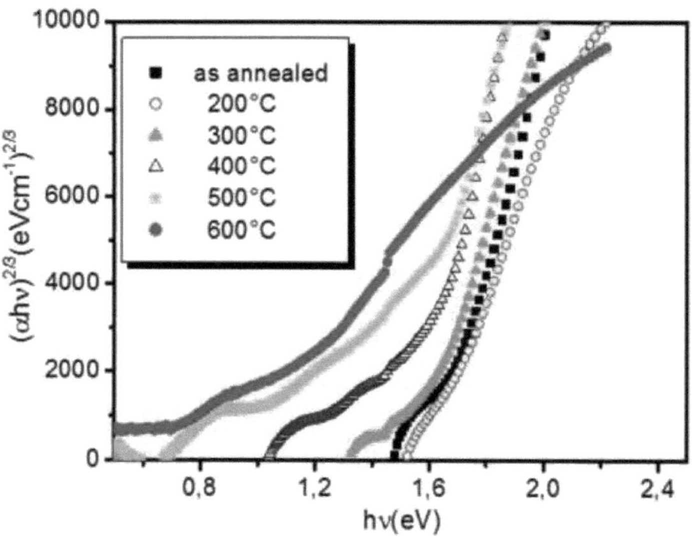

Fig.III-7: Espectros de variação de $(ahv)^{2/3}$ em função da energia do fotão (hv) de SnS :8%Fe recozido a diferentes temperaturas

É sabido que a energia do intervalo de bandas depende de vários factores, tais como a composição, a cristalinidade, o tamanho do grão, a densidade de defeitos e os parâmetros da rede [13]. Neste estudo, as alterações na composição química são marginais, enquanto se observa uma melhoria significativa da qualidade do cristal, seguida de um crescimento significativo do tamanho dos grãos. Para além disso, ocorreu uma transição de fase de RS para OR a T=500 °C. Assim, as alterações dos valores do intervalo de banda são atribuídas ao aumento da cristalinidade das películas e ao aumento do tamanho dos grãos, bem como à transição de fase de RS para OR observada a uma temperatura de recozimento mais elevada.

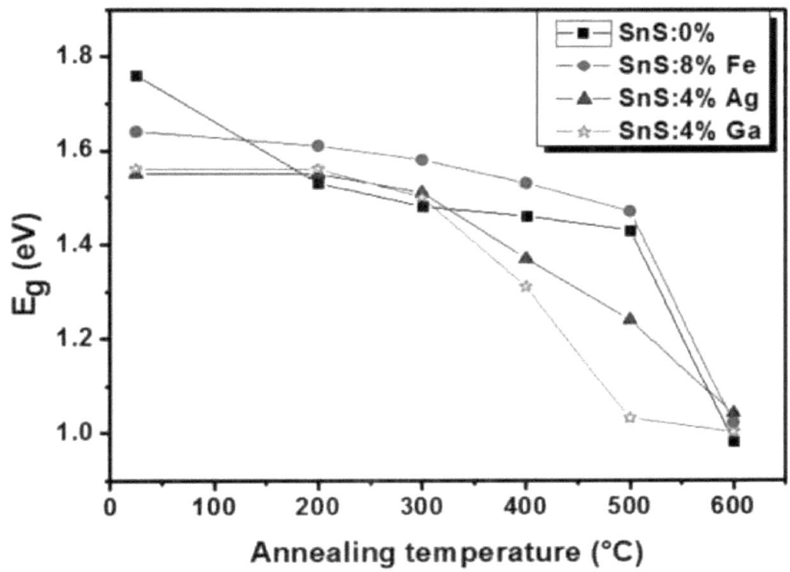

Fig.III-8 : Intervalo de banda ótica de SnS :0%, SnS :8%Fe , SnS :4%Ag e SnS :4%Ga recozido a diferentes temperaturas

É ainda de notar que, para temperaturas de recozimento que variam entre 200°C e 300°C, o Eg é de 1,62 - 1,47 eV. Estes últimos valores estão próximos do valor teórico ótimo para a conversão da energia solar em energia eléctrica, que é da ordem de 1,5eV [14, 15].

Observa-se também que, para temperaturas de recozimento inferiores a 600°C, o valor de Eg corresponde ao da estrutura RS. A 600°C, Eg é da ordem de 1 eV. Este resultado está correlacionado com a mudança de fase do SnS (de RS para OR) induzida durante o tratamento térmico.

Vários artigos contêm resultados interessantes sobre o efeito do tratamento térmico na energia do intervalo de bandas de filmes finos de SnS. Por exemplo, Mathiews et al. relataram um aumento da Eg após recozimento ao ar [16]. Este aumento foi atribuído à formação de SnO2 ou SnS2, como observado nos padrões de XRD, e cujos valores de Eg são superiores aos do SnS. No entanto, Tanusevski obteve para filmes recozidos sob argônio por uma hora, a mesma energia de band gap [17].

V. Propriedades eléctricas:

As curvas TSC das camadas finas de SnS não dopadas para diferentes temperaturas de recozimento são apresentadas na fig.III.9. Para T<400°C, pode ser revelada a presença de armadilhas localizadas à temperatura ambiente. Dois picos principais são detectados para filmes SnS crescidos e recozidos a 200°C e 300°C. Estes picos correspondem a duas armadilhas localizadas à temperatura ambiente. Estes picos correspondem a duas armadilhas no intervalo de banda: uma localizada a T = 230K e a outra em torno de T = 290K. A mudança na intensidade do pico principal pode informar sobre a densidade de estados da armadilha. No caso de películas finas depositadas e recozidas a 300°C, o pico localizado a T = 290K é mais pronunciado. Foi observado um aumento de três décadas do pico TSC em torno de T = 230K para películas finas de SnS recozidas a 200°C. A baixa intensidade do pico localizado a 230K das películas crescidas pode ser atribuída a estados com armadilhas parcialmente preenchidas. A temperaturas de recozimento mais elevadas, ou seja, a 300°C, a curva TSC apresenta uma série de picos sobrepostos devido à existência de muitas armadilhas com quase a mesma energia de ativação. A partir de 400°C, a TSC é igual à corrente escura e as películas tornam-

se semicondutoras, o que significa que não existem armadilhas eletricamente activas no intervalo de banda.
Verifica-se um aumento gradual da intensidade da corrente à medida que a temperatura de recozimento aumenta. No entanto, para T<500°C, a intensidade da corrente permanece tão baixa que corresponde a regimes isolantes. Como se sabe, o aumento da condutividade com a temperatura de recozimento pode ser devido à recristalização correlacionada com o aumento do tamanho de grão ou a uma alteração da composição do filme [18]. De acordo com a literatura, o recozimento leva à evaporação do enxofre e, portanto, o filme é ligeiramente rico em estanho. O excesso de estanho pode induzir um aumento da condutividade da película [18]. No entanto, o estudo EDS revela que não foi detectada qualquer deficiência de enxofre.

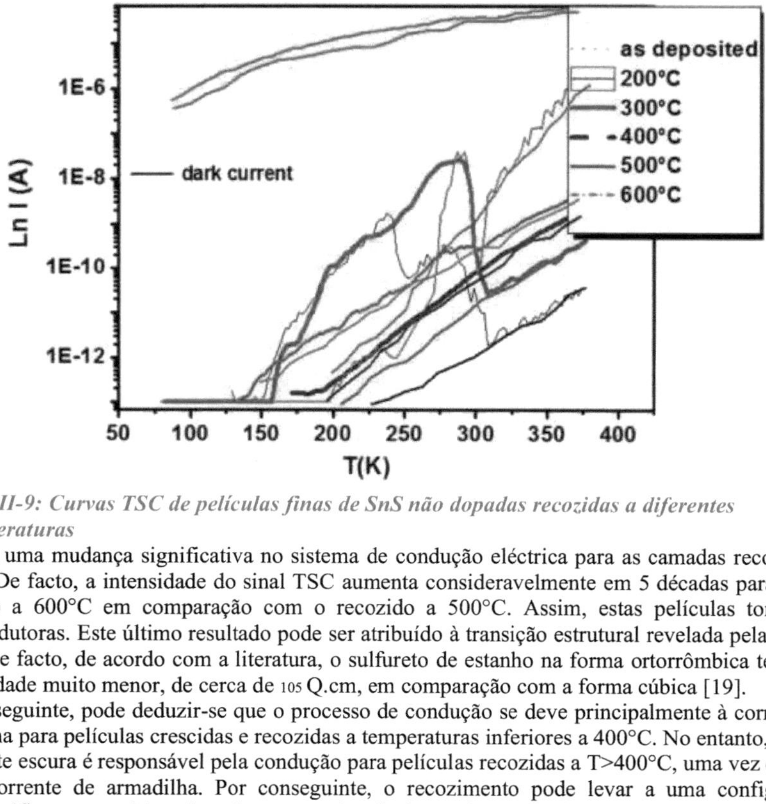

Fig.III-9: Curvas TSC de películas finas de SnS não dopadas recozidas a diferentes temperaturas

Ocorreu uma mudança significativa no sistema de condução eléctrica para as camadas recozidas a 600°C. De facto, a intensidade do sinal TSC aumenta consideravelmente em 5 décadas para o SnS recozido a 600°C em comparação com o recozido a 500°C. Assim, estas películas tornam-se semicondutoras. Este último resultado pode ser atribuído à transição estrutural revelada pela análise XRD. De facto, de acordo com a literatura, o sulfureto de estanho na forma ortorrômbica tem uma resistividade muito menor, de cerca de 105 Q.cm, em comparação com a forma cúbica [19].
Por conseguinte, pode deduzir-se que o processo de condução se deve principalmente à corrente de armadilha para películas crescidas e recozidas a temperaturas inferiores a 400°C. No entanto, apenas a corrente escura é responsável pela condução para películas recozidas a T>400°C, uma vez que não existe corrente de armadilha. Por conseguinte, o recozimento pode levar a uma configuração cristalográfica em que há muitos electrões na banda de condução, os electrões movem-se livremente no cristal. Assim, pode ser promovida uma corrente de condução mais elevada em comparação com a corrente de armadilhas. Assim, a mudança no comportamento elétrico pode ser atribuída à transição de fase que ocorreu a cerca de 600 ° C.
Além disso, as armadilhas presentes nas películas de SnS são atribuídas a estados aceitadores profundos das vacâncias de Sn, que desempenham um papel importante no estabelecimento da condutividade do tipo p deste composto binário [9].
A Fig.III.10 mostra as curvas TSC de SnS: 8% Fe para diferentes temperaturas de recozimento. É revelada a existência de uma armadilha para temperaturas de recozimento inferiores a 500°C. De facto, observa-se para as películas preparadas, dois picos sobrepostos, um localizado a cerca de 200K

e o outro mais pronunciado à temperatura ambiente. Nota-se ainda o desaparecimento da armadilha localizada à temperatura ambiente para as películas recozidas a 200°C e 300°C, enquanto que a armadilha observada a 200K continua presente. O aumento da largura do pico observado para as películas recozidas a 400°C pode estar na origem do fenómeno de sobreposição de várias armadilhas com aproximadamente os mesmos níveis de energia. Assim, para estas amostras, o comportamento elétrico é sempre o de um regime isolante.

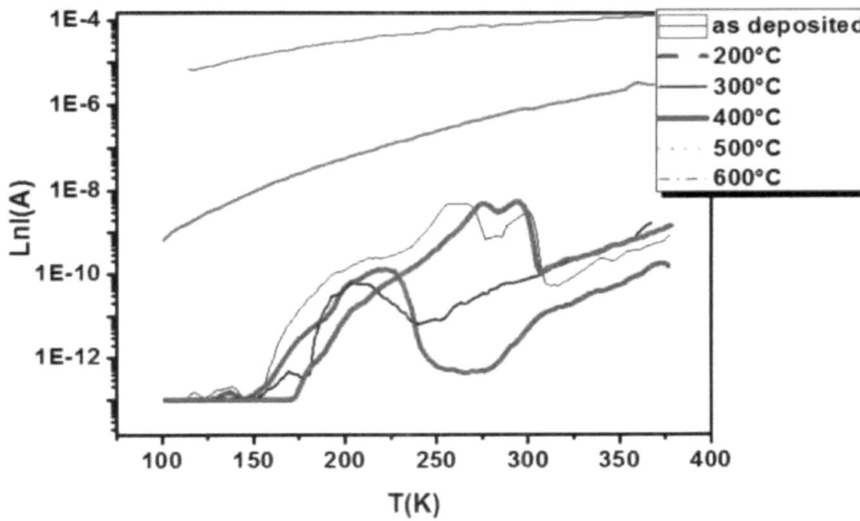

Fig.III-10: Curvas TSC de películas finas de SnS:8%Fe recozidas a diferentes temperaturas

Uma mudança significativa no sistema de condução eléctrica ocorre para temperaturas de recozimento relativamente elevadas. Observa-se um aumento de 5 décadas da corrente TSC (corrente escura) para películas finas de SnS: 8% Fe recozidas a temperaturas de 500°C com o desaparecimento de armadilhas. De facto, uma intensidade da ordem de 10^{-6}A e 10^{-4}A é observada para filmes recozidos respetivamente a T = 500°C e 600°C. Assim, as películas finas de SnS apresentam um comportamento elétrico semicondutor, que pode ser atribuído à transição estrutural revelada pela análise XRD.

Observa-se também que o mesmo fenómeno é observado para as películas finas de SnS dopadas com prata e gálio. De facto, para temperaturas de recozimento superiores a 400°C, as correntes de armadilhas tornam-se insignificantes no caso das películas finas de SnS dopadas com prata e gálio. Isto significa que as mesmas armadilhas sobrepostas controlam as propriedades eléctricas destas películas recozidas até 400°C

As energias de ativação dos níveis de aprisionamento foram determinadas a partir do gráfico de Arrhenius e estão listadas na Tabela III.3. Os valores são próximos de 0,5eV, o que corresponde a armadilhas pouco profundas que estão localizadas a T=270K, como revelado pelas medições TSC.

Energia de ativação (eV)	*Como depositado*	*200°C*	*300°C*	*400°C*
SnS :0%	*0.65* 0.25	0.30 0.49	0.40 0.29 0.54	

SnS :8%Fe	0.53 0.32	0.32	0.24 0.15	0.39
SnS :4%Ag	0.44 0.10	0.65 0.56	1.54 0.26	0.29
SnS :4%Ga	0.71 0.44	0.51	0.60 0.29	0.25

Quadro III-2: Energias de ativação determinadas a partir do gráfico de Arrhenius de SnS :0%, SnS :8%Fe , SnS :4%Ag e SnS :4%Ga recozidos a diferentes temperaturas

Mathias et al. relataram a existência de três armadilhas para películas finas de SnS preparadas utilizando a técnica de eletrodeposição [15]. Revelaram também que o recozimento não afecta os níveis de armadilha. As energias de ativação foram da ordem dos 0,11, 0,05 e 0,03 eV. A diferença entre estes valores de energia e os que obtivemos pode dever-se à diferente técnica de preparação utilizada para o crescimento dos filmes de sulfureto de estanho. Os valores de resistividade foram calculados de acordo com as curvas TSC e utilizando a seguinte relação:

$$\rho = \frac{VeL}{Il} \qquad \text{(III.1)}$$

em que l é a distância entre os dois contactos, e é a espessura, L é o diâmetro do contacto, V a tensão aplicada na amostra e I a corrente à temperatura ambiente.

A Fig. III.11 mostra as variações da resistividade calculada para as películas finas de SnS: 0%, SnS: 8% Fe, SnS 4% Ag e SnS 4% Ga a diferentes temperaturas de recozimento

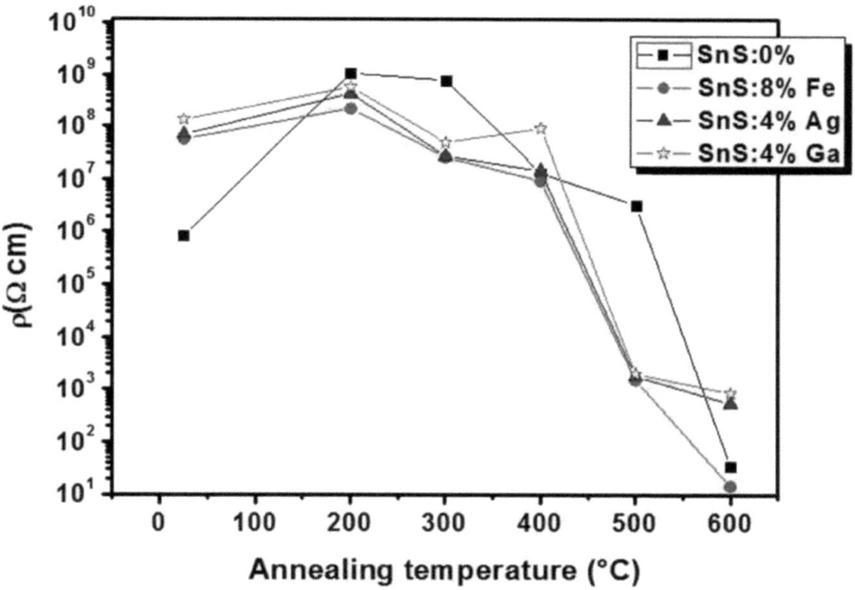

Fig.III-11 : Curvas de resistividade das películas finas de SnS recozidas a diferentes temperaturas

. Verifica-se que o recozimento afecta visivelmente as propriedades eléctricas. De facto, verifica-se uma diminuição significativa da resistividade em função da temperatura de recozimento. Observa-se também uma diminuição significativa da resistividade de 109 Qcm para 10^1 Qcm para as películas recozidas respetivamente a 200°C e 600°C, confirmando assim o comportamento global do semicondutor SnS. Este comportamento pode ser atribuído à mudança estrutural, ao aumento do tamanho dos cristalitos e à redução dos defeitos estruturais, como observado nas análises de XRD e TSC.

A diminuição da resistividade pode ser atribuída ao aumento do tamanho dos cristalitos das amostras e à transição do SnS da fase RS para a fase OR. Este comportamento também pode ser devido à presença de certas impurezas. Além disso, a presença de defeitos estruturais, tais como deslocamentos, perturbações e imperfeições superficiais, pode desempenhar um papel considerável na redução da resistividade. Os resultados acima estão de acordo com outros relatórios [20]

VI. Conclusão:

As películas finas de SnS dopadas e não dopadas cultivadas pelo método CBD seguido de tratamento térmico foram preparadas com êxito em substratos de pirex. Os padrões de XRD mostram um aumento do tamanho dos cristais com a temperatura de recozimento, correlacionado com uma melhoria da topografia da superfície, conforme monitorizado através de imagens SEM. Além disso, o recozimento a temperaturas mais elevadas resulta na transição estrutural de rochoso para ortorrômbico, levando a uma maior condutividade. De facto, a intensidade da corrente estimulada termicamente aumentou com a temperatura de recozimento e as camadas tornaram-se semicondutoras a temperaturas de recozimento superiores ou iguais a 500°C. Para além disso, a análise ótica mostrou uma redução da transmissão em função da temperatura de recozimento e uma diminuição da energia de bandgap atingindo 1 eV, o que corresponde à de uma estrutura OR. Estão em curso novas investigações para incluir esta camada absorvente em hetero-estruturas de células solares.

Conclusão geral

Hoje em dia, muitos laboratórios, bem como os industriais, enquanto consumidores conscientes dos preços, lidam com o controlo dos preços do possível produto de células solares fotovoltaicas baseadas em películas finas baratas e não tóxicas como as de enxofre. Este trabalho relata o protocolo de crescimento para a síntese de películas finas de estanho(II) enxofre SnS utilizando uma técnica económica diferente das que envolvem vácuo. Esta técnica é o processo de deposição por banho químico em que as películas finas crescem dependendo da composição da solução, da temperatura e do pH. Foram efectuadas várias análises, tais como: XRD, SEM, EDS, AFM, espetrofotometria e TSC. Todas estas investigações permitiram-nos melhorar as propriedades físicas dos filmes finos de SnS para uma possível utilização destes filmes no domínio fotovoltaico, bem como em dispositivos sensíveis. Para este efeito, foram efectuadas diferentes dopagens, tais como ferro, prata e gálio, bem como recozimento em atmosfera controlada, a fim de aumentar a condutividade destas películas finas. A dopagem foi efectuada durante o processo de crescimento, adicionando uma concentração relativa de soluções aquosas contendo iões Fe^{2+}; Ag^{2+} *e* Ga^{2+}. *Verificou-se posteriormente que a dopagem das películas finas de SnS não resulta na diminuição da resistividade. Assim, estão em curso outras caracterizações físicas para otimizar as propriedades das películas finas e, em particular, a resistividade, através de um tratamento térmico adequado em atmosfera controlada. Os padrões de XRD mostram um aumento do tamanho dos cristalitos com a temperatura de recozimento, correlacionado com uma melhoria na topografia da superfície. Além disso, o recozimento a 600°C resulta na transição estrutural de rochoso para ortorrômbico, levando a uma condutividade melhorada. A partir da medição TSC, foi observado um aumento gradual da intensidade da corrente com o aumento da temperatura de recozimento. Uma mudança significativa no regime de condução eléctrica ocorreu para a película recozida a 600°C. A intensidade do TSC aumentou 5 décadas em comparação com a do SnS recozido a 500°C. A película fina de SnS teve um comportamento elétrico semicondutor, que pode ser atribuído à transição estrutural. Todos estes resultados são muito interessantes, uma vez que foi utilizado um método simples e económico para preparar este material binário. Além disso, estes resultados abrem caminho a uma possível aplicação destas películas em dispositivos fotovoltaicos e sensíveis. Estão em curso outros estudos para melhorar a qualidade destas películas finas através de outras caracterizações físicas.*

Referências

David Johnston, (2008). A Review of Materials and Deposition Methods for Thin Films Employed in the Fabrication of Solar Photovoltaic/Thermal Panels, *Solar Energy*.
Vigil, O., Calzadilla, O., Seuret, D. & Vidal, J. (1984). Schottky diodes on ZnIn2S4 single crystals, *Solar Energy Materials*, *10*, 139-143.
Mingtao, Li, Jinzhan, Su, & Liejin, Guo, (2008). Preparação e caraterização de películas finas de ZnIn2S4 depositadas por pirólise por pulverização para produção de hidrogénio, *Interntional Journal of hydrogen Energy*, *33,* 2891-2836.
Saez-Araoz, R., Abou-Ras, D., Niesen, T. P., Neisser, A., Wilchelmi, K., Lux-Steiner, M. Ch. & Ennaoui, A. (2008). Monitorização in situ do crescimento da bicamada de película fina ZnS/Zn(S,O) em Cu-Chalcopyrite para células solares finas de elevado desempenho, *Thin Solid Films* (artigo no prelo).
Albert Goossens & Joris Hofhuis, (2008). Spray-deposited CuInS2 solar cells, *Nanotechnology*, 19, 424018.
John, T. T., Mathew, M., Kartha, C. S., Vijayakumar, K. P., Abe, T. & Kashiwaba, Y. (2005). CuInS2/In2S3 thin film solar cell using spray pyrolysis technique having 9.5% efficiencySolar. *Energy Materials &'solar cells*, *89*, 27.
Amlouk, M., Dachraoui, M., Belgacem, S. & Bennaceur, R. (1987). Propriedades estruturais, ópticas e eléctricas das camadas SnO2:F e CdS pulverizadas sem ar. *Solar Energy Materials*, *15*, 453-461.
Belgacem, S., Amlouk, M., et Bennaceur, R. (1990). Effet du Rapport Cu/In sur la structure des Couches Minces de CuInS2 Airless Spray. Aplicação: Conversão Fotovoltaica. *Revue Phys., Appl.*, *25*, 1213-1223.
Amlouk, M., Belgacem, S., Bouchriha, H. & Bnnaceur, R. (1994). Effect of ZnO thin layer on the photovoltaic characteristics of CdS/CuInS2 solar cells, Proc.12th European Photovoltaic Solar Energy Conference, 11-15 *April Amsterdam The Netherlands*, *Vol. 2*, 1519.
Kamoun, N., Belgacem, S., Amlouk, M., Bennaceur, R., Abdelmoula, K., et Bel Haj Amara, A. (1994). Caractérisations Structurale et Morphologique des Couches Minces de CuInS2 e d'In-S Pulverização sem ar.
J. Phys. III Fr., *4*, 473-491.
Amlouk, M., Brunet, N., Cros, B., Belgacem, S. & et Barjon, D. (1997). Etude par Microscopie Acoustique de Couches Minces de Ag2S déposées par Spray, *J. Phys. III Fr.*, *7*, 1741-1753.
Belgacem, S. & et Bennaceur, R. (1990). Propriedades ópticas das camadas minúsculas de SnO2 e CuInS2 pulverizadas sem ar, *Revue Phys. Appl.*, *25*, 1245.
Bhira, L., Amlouk, M., Belgacem, S., Bennaceur, R. & Barjon, D. (1998). Propriedades estruturais e ópticas dos compostos quaternaires de CuIn1-xAlxS2 *Spray, Physica Status Solidi* (a), *165*, 141-150.
Dlala, H., Amlouk, M., Belgacem, S., Girard, P., & Barjon, D. (1998). Propriedades estruturais e ópticas de filmes finos de Ag2S preparados por pirólise por pulverização. *Jornal Europeu de Fisica. Appl. Phys.*, *2,* 13-16.
Kamoun, N., Bennaceur, R., Amlouk, M., Belgacem, S., Mliki, N., Frigerio, J. M. & Theye, M. L. (1998). Optical Properties of InS Layers Deposited Using an Airless Spray Technique, Physica Status Solidi (a), *169,* 97-104.
Amlouk, M., Ben Said, M. A., Kamoun, N., Belgacem, S., Brunet, N. & Barjon, D. (1999). Propriedades acústicas de filmes finos □ -In2Ss preparados por spray. *Jornal Japonês de Fisica Aplicada*, *38*, Parte 1, N° 1A, 17-21.
Mnari, M., Cros, B., Amlouk, M., Belgacem, S. & Barjon, D. (1999). Study of the Elastic Properties of Sprayed SnO2 and SnS2 Layers, *Canadian Journal of Physics*, *77*, 705-715.
Dlala, H., Amlouk, M., Ben Nasrallah, T., Bernede, J. C. & Belgacem, S. (2000). Caracterização físico-química de filmes finos pulverizados □ - Ag2S, Physica Status Solidi (a), *181*, 405 - 412.
Khelia, C., Mnari, M., Maiz, F., Ben Nasrallah, T., Amlouk, M. & Belgacem, S. (2000). Propriedades estruturais, ópticas e térmicas de filmes finos de ^-SnS2 preparados por pirólise por pulverização, Eur. *Phys. J. AP.*, *9*, 187 - 193.
Kamoun, N., Belgacem, S., Amlouk, M., Bennaceur, R., Bonnet, J., Touhari, F., Nouaoura, M., & Lassabatere, L. (2001). Estrutura, composição da superfície e propriedades eletrônicas de □-

In2S3 e □-In2 -x AlxS3, *Journal of Applied Physics*, *89*, 2766 - 2771.
Ben Nasrallah, T., Amlouk, M., Bernede, J. C. & Belgacem, S. (2004). Estrutura e morfologia de filmes finos de ZnS pulverizados, Phys. *Stat. Sol.* (a), *201*, No 14 3070-3076.
Zouaghi, M. C., Ben Nasrallah, Amlouk, T. M. & Belgacem, S. (2004). Proc. 19th European Photovoltaic Solar Energy Conference, 7-11 *de junho, Paris, França*, Vol. II, p. 1764.
Selim MS, Gouda ME, El-Shaarawy MG, Salem AM, Abd El-Ghany WA; 2013 Thin Solid Films **527** 164
Mariappan R, Mahalingam T, Ponnuswamy V; 2011 Optik **122** 2216
Jaina P, Arun P; 2013 Filmes Sólidos Finos **548** 241
Abdelrahman AE, Yunus WMM, Arof AK; 2012 Journal of Non-Crystalline Solids **358** 1447
Martínez H, Avellaneda D; 2012 Nuclear Instruments and Methods in Physics Research B **272** 351
Ghosh B, Bhattacharjee R, Pushan Banerjee, Das S; 2011 Applied Surface Science **257** 3670
K. Santhosh Kumar, C. Manoharan, S. Dhanapandian, A. Gowri Manohari ;SpectrochimicaActa Part A: Molecular and Biomolecular Spectroscopy 115, 840 (2013)
S.S. Hegde, A.G. Kunjomana, M. Prashantha, C. Kumar, K. Ramesh; Thin Solid Films 545; 543 (2013)
K. Hartman, J.L. Johnson, M.I. Bertoni, D.Recht, M. J. Aziz ,Michael A. Scarpulla, Tonio Buonassisi; Thin Solid Films 519, 7421 (2011)
L.L Cheng, M.H Liu, M.X Wang, S.C Wang, G.D Wang, Q.Y Zhoua, Z.Q Chen; Journal of Alloys and Compounds 545, 122 (2012)
D. Avellaneda, M. T. S. Nair e P. K. Nair J. Electrochem. Soc. D517, 155 (2008)
C.Gao, H.Shen , L.Sun, Z.Shen; Materials Letters 65, 1413 (2011)
C.Gao, H.Shen; Thin Solid Films 520, 3523 (2012)
L.A. Burton e A.Walsh; J. Phys. Chem. C ; 2012, 116 (45), pp 24262-24267
N. Revathi, S. Bereznev, J. Iljina, M. Safonova, E. Mellikov, O. Volobujeva ; Journal of Materials Science: Materiais em Eletrónica **24** (2013) 4739
V. Robles, J. F. Trigo,C. Guillön, J. Herrero ; Journal of Materials Science **48** (2013) 3943
Pyriyal Jain e P.Arun; Journal of Semiconductors, **34** (2013) 093004
T.H. Sajeesh, K.B. Jinesh, C. Sudha Kartha, K.P. Vijayakumar; Applied Surface Science **258** (2012) 6870
Anis Akkari, Meriem Reghima, Cathy Guasch e Najoua Kamoun-Turki; Journal of Materials Science, **47** (2012) 1365
Meriem Reghima, Anis Akkari, Michel Castagnö e Najoua Kamoun-Turki; J. Renewable Sustainable Energy **4** (2012) 011602
M. Devika, N. Koteeswara Reddy,K. Ramesh, K. R. Gunasekhar, E. S. R. Gopal e K. T. Ramakrishna Reddy; J. Electrochem. Soc. **153(8)** (2006) G727-G733
Peimin Lu, Hongie Jia e Shuying Cheng ; Investigação em Materiais Avançados, **60-61** (2009) 11-15
A. Gowri Manohari, S. Dhanapandian, C. Manoharana, K. Santhosh Kumar,T. Mahalingam; Ciência dos Materiais no Processamento de Semicondutores **17** (2014) 138
M. Gunasekaran, M. Ichimura; Solar Energy Materials & Solar Cells **91** (2007) 774
David Avellaneda, M.T.S. Nair, P.K. Nair ; Thin Solid Films **517** (2009) 2500
K.T. Ramakrishna Reddy, N. Koteswara Reddy, R.W. Miles; Solar Energy Materials & Solar Cells **90** (2006) 3041
Katy Hartman, J.L. Johnson, Mariana I. Bertoni, Daniel Recht, Michael J. Aziz, Michael A. Scarpulla, Tonio Buonassisi; Thin Solid Films **519** (2011) 7421
Prasert Sinsermsuksakul, Katy Hartman, Sang Bok Kim, Jaeyeong Heo, Leizhi Sun, Helen Hejin Park, Rupak Chakraborty, Tonio Buonassisi e Roy G. Gordon; Applied Physics Letters **102** (2013) 053901
J. Lofersky, J. J. Applied Physics **21** (1956) 777
Ana Rosa Garcia-Angelmo, M.T.S. Nair, P.K. Nair ; Ciências do Estado Sólido 30 (2014) 26
N. Koteeswara Reddy, M. Devika, Yoon-Bong Hahn, K.R. Gunasekhar; Applied Surface Science **268** (2013) 317
S.C. Ray, M.K. Karanjai, D. Das Gupta; Thin Solid Films, Volume 350, 72 (1999).
G.H. Yue, W. Wang, L.S. Wang, X. Wang, P.X. Yan, Y. Chen, D.L. Peng; Journal of Alloys and Compounds, 474, 445 (2009).

D. Avellaneda, G. Delgado, M.T.S. Nair, P.K. Nair; Thin solid films; 515; 5771 (2007).
P.K. Nair, M.T.S. Nair, R.A. Zingaro, E.A. Meyers; Thin Solid Films, 239, 85 (1994).
N.R. Mathews, C. ColinGarcia, Ildefonso Z. Torres; Materials Science in Semiconductor Processing, 16, 29 (2013).
H.Jie, S.Ying Cheng, Xin-Kun Wu, Yong-Li Yang; Natural science, 2, 197 (2010).
M. Devika, N. Koteeswara Reddy, K.R. Gunasekhar; Thin Solid Films, 520, 628 (2011).
Anis Akkari, Meriem Regima, Cathy Guasch e Najoua Kamoun-Turki; Advanced Materials Research **324** (2011) 101
http://bwtek.com/raman-theory-of-raman-scattering/
M. Kilani , C. Guasch , M. Castagne, N. Kamoun-Turki; Journal of Material Science; **47** (2012) 3198
M. Reghima, A. Akkari, C. Guasch, e N.Kamoun-Turki, J. Electronic Materials; 43 3138 (2014)
A. Akkari, C. Guasch e N. Kamoun-Turki; Journal of Alloys and Compounds 490 180 (2010)
A. Akkari, M. Reghima, C. Guasch e N. Kamoun-Turki; Journal of Material Science, 47; 1365 (2012)
M. Reghima, A. Akkari, M. Castagné e N. Kamoun-Turki; J. Renewable Sustainable Energy 4 011602 (2012)
M. Devika, N. Koteeswara Reddy, K. Ramesh, K. R. Gunasekhar, E. S. R. Gopalb e K. T. Ramakrishna Reddy; J. Electrochem. Soc. 153; G727 (2006)
P. Lu, H. Jia e S. Cheng; Advanced Materials Research; 60-61; 11; (2009)
M. Ajili, M. Castagné e N. KamounTurki; Superlattices and Microstructures 53; 213 (2013)
K. Santhosh Kumar, C. Manoharan, S. Dhanapandian e A. GowriManohari; SpectrochimicaActa Part A: Molecular and Biomolecular Spectroscopy 115 840 (2013)
Sousaa MG, da Cunha AF, Fernandes PA; 2014 Journal of Alloys and Compounds **592** 80
Cheng S, He Y, Chen G, EC Cho EC, Conibeer G; 2008 Tecnologia de Superfícies e Revestimentos
202 6070
Cheng S, Conibeer G; 2011 Thin Solid Films **520** 837
Kerr LL, Li X, Canepa M, Sommer AJ; 2007 Thin Solid Films **515** 5282
Ge Yan-hui, GUO Yu-Ying, SHI Wei-min,QIU Yong-hua; jornal de Shangay Universidade (Edição inglesa), 11 403 (2007).
H. Khallaf, G. Chai, O. Lupan, L. Chow, H. Heinrich, S. Park e A. Schulte; Phys. Status Solidi A 206 256 (2009)
A.Akkari, C. Guasch, M. Castagne, N. Kamoun-Turki ; Journal of Materials Science ; 46 6285 (2011)
A. Jebali, M. Ben Rabeh, N. Khemiri, M. Kanzari ; Materials Research Bulletin, 61 363 (2015)
J.F. Trigo, B. Asenjo, J. Herrero e M.T. Gutiérrez; Solar Energy Materials & Solar Cells 92 1145 (2008).
P.A. Nwofe, K.T. Ramakrishna Reddy, J.K. Tan, I. Forbes e R.W. Miles; Physics Procedia 25 150 (2012)
A.E. Abdelrahman, W.M.M. Yunus e A.K. Arof; Journal of Non-Crystalline Solids; 358 1447 (2012)
Mahmoud K e Bin Park S; 2013Electronic Materials Letters **9** 161
T. H. Sajeesh, K. B. Jinesh, M. Rao, C. S. Karthal e K. P. Vijayakumar; Physica Status Solidi A 209 1274 (2012)
S.A. Vanalakar, S.W. Shin, G.L. Agawane, M.P. Suryawanshi, K.V. Gurav, P.S. Patil, J.H. Kim; Ceramics International, 40 15097 (2014)
Meriem Reghima, Anis Akkari , Cathy Guasch e Najoua Kamoun-Turki; Journal of Electronic Materials (2014) **43,** 3138-3144
Meriem Reghima, Anis Akkari , Cathy Guasch e Najoua Kamoun-Turki; J. Renewable Sustainable Energy (2015) 7(2); 023128
M.G. Sandoval-Paz, M. Sotelo-Lerma, J.J. Valenzuela-Jáuregui, M. Flores-Acosta, R. Ramrez-Bon, Thin Solid Films. **472** (2005) 5
N. Revathi, P. Prathap, R.W. Miles e K.T. Ramakrishna Reddy, Solar Energy Materials and Solar Cells. **94** (2010) 1484
H. Khallaf, G. Chai, O. Lupana, L. Chowa, S. Parka, A. Schulte; Applied Surface Science **255** (2009) 4129

H. Karaagac, M. Parlak; Applied Surface Science **255** (2009) 5999
M. Patel, I. Mukhopadhyay, A. Ray; Optical Materials **35** (2013) 1693
O.E. Ogah, K.Ramakrishna Reddy , G.Zoppi , I.Forbes , R.W. Miles ; Thin Solid Films 519, 7425 (2011).
M.Devika , N.Koteeswaraeddy , K.Ramesh , KR.Gunasekhar , G.Esr, k. Ramaakrishnaddy Semiconductor science and technology, 21, 1125 (2006).
M. Devika, N. Koteeswara Reddy, K.R. Gunasekhar; Thin Solid Films 520, 628 (2011)
H. Mahfoz Kotb, M.A. Dabban, A.Y. Abdel-latif, M.M. Hafiz; Journal of Alloys and Compounds 512, 115 (2012).
B.Ghosh, R.Bhattacharjee, P.Banerjee, S.Das; Applied Surface Science, 257 (2011) 3670
N. Koteeswara Reddy, M. Devika, Yoon-Bong Hahn, K.R. Gunasekhar; Applied Surface Science **268** (2013) 317
Yan-hui Ge , Yu-ying Guo , Wei-min Shi , Yong-hua Qiu , Guang-pu Wei; Journal of Shanghai University **11** (2007) 403-406
M. Reghima, A. Akkari, C. Guasch, e N. Kamoun-Turki; J. Renewable Sustainable Energy (2012) **4**, 011602.
N.R. Mathews, C. Colín García, I. Z. Torres; Materials Science in Semiconductor Processing, **16** (2013) 29
A. Tanusevesky Semiconductor Science and technology **18** (2003) 501.
D. Avellaneda, G. Delgado, M.T.S. Nair, P.K. Nair; Thin solid films; 515 (2007) 5771
E. Guneri, C. Ulutas, F. Kirmizigul, G. Altindemir, F. Gode, C. Gumus; Applied Surface Science **257** (2010) 1189
S. Erat, H. Metin, M. Ari; Materials Chemistry and Physics **111** (2008) 114

MIX
Papier aus verantwortungsvollen Quellen
Paper from responsible sources
FSC® C105338

Printed by Books on Demand GmbH, Norderstedt / Germany